대한민국에서 워킹맘으로 살아남기

초보 엄마
잡학사전

대한민국에서 워킹맘으로 살아남기

초보 엄마 잡학사전

권한울 지음

임신·출산·육아 관련 꿀팁부터
선배 워킹맘들의 조언
알아야 혜택받는 정부 지원 정책까지

대한민국 워킹맘이 알아야 할 모든 것!

이룩북스

✳

모든 엄마는 초보다. 임신부터 시작해 아이를 낳고 키우는 모든 과정이 처음이기 때문이다. 임신 중 피해야 할 것들은 무엇인지, 태어날 아기를 위해 준비해야 하는 것들은 무엇인지 등 알아봐야 할 것 투성이다. 출산 신호는 언제 찾아오는지, 출산의 고통은 어느 정도인지, 아이가 언제부터 걷고 말하는지 등 궁금한 것도 많다. 모유와 분유, 수제 이유식과 시판 이유식, 가정 보육과 어린이집, 국공립 유치원과 사립 유치원 등 선택해야 할 것도 수두룩하다.

여덟 살, 여섯 살 아들을 둔 나 역시 여전히 초보 엄마다. 두 번의 임신과 출산 과정을 겪으며 초보 딱지 정도는 뗐다고 자부했지만 큰 아이의 초등학교 입학을 계기로 여전히 모르는 것투성이인 초보 엄마임을 깨달았다. 아이들이 중학생이 되고 고등학생이 돼도 난 여전히 초보 엄마일 테다.

요즘도 나는 아이들이 잠든 밤이면 인터넷을 뒤지며 내게 필요한 정보들을 찾아 헤맨다. 하지만 나에게 딱 맞는 정보를 찾기란 쉽지 않다. 고열에 시달리는 아이를 언제 응급실에 데리고 가야 하는지, 아이 말이 느린데 문제는 없는지, 아이 발달 시기에 따라 어떤 장난 감이 필요한지, 한글은 언제 가르쳐줘야 하는지, 사교육은 언제 시작 하면 좋은지… 매일 밤 침침한 눈을 비벼가며 온라인 커뮤니티와 블 로그를 돌아다니며 정보를 찾지만 답을 구하지 못하고 잠드는 경우 가 많다. 확인되지 않은 정보는 너무 많고, 유익한 정보들은 숨겨져 있기 때문이다.

'초보 엄마 잡학사전'은 아이 키우는 것만으로도 버거운 엄마들 이 필요한 정보를 보다 쉽게 얻을 수 있도록 돕자는 취지에서 시작 됐다. 작은아이 출산 한 달 전인 2017년 7월 말 매일경제 프리미엄에 연재를 시작해 최근까지 약 5년 동안 170여 편의 글을 썼다. 출산을 위해 병원에 입원한 날에도 환자복을 입고 원고를 마감했다. 흩어져 있는 육아 정보를 확인하고 읽기 쉽게 정리했다. 아이 발달 시기별로 내가 궁금한 것들과 남이 궁금해할 만한 것들을 다양하게 다뤘기에 '잡학사전'이라는 이름을 붙였다.

170여 편의 글을 주제별로 엮고 업데이트해 이 책을 냈다. 딸로 만 살던 내가 아이를 낳고 엄마가 되면서 겪은 좌충우돌 경험담과 각종 육아 정보는 물론, 두 아이를 키우며 직장에 다니는 워킹맘으로 사는 법, 일과 육아를 병행하면서도 꿈을 향해 대학원에 진학한 도

전기, 임신·출산·육아 관련 정부 지원 알짜 정책, 코로나19 팬데믹에서의 달라진 육아 풍경을 담았다.

때론 같은 상황에 처한 사람들의 공감만으로도 큰 위로를 받는 경우가 있다. 하루 종일 아이와 씨름하다 늦은 밤 한 손에는 맥주 한 캔을, 다른 한 손에는 책을 집어 들 누군가에게 내 글이 약간의 도움이나 위로가 되길 바라는 마음이다.

기자라는 직업상 기업 대표 등 성공한 여성들을 만날 기회가 많다. 그때마다 늘 "워킹맘으로 성공할 수 있었던 생존 비법이 무엇이었는지" 묻곤 한다. 가슴에 사표 하나 품고 사는 나 자신을 위한 질문이었지만, 나와 같은 마음일 이 땅의 수많은 워킹맘들을 위해 그렇게 얻은 지혜 역시 이 책에 기꺼이 공유했다.

초보 엄마인 내가 워킹맘으로 살아남은 데는 남편과 친정 부모님의 도움이 절대적이었다. 엄마이기 이전에 독립된 인격체로 존중하며 내 직업을 포기하지 않고 꿈을 좇도록 지지해준 남편 강신에게 감사하다. 반평생 자식들 키워주신 것도 모자라 딸을 대신해 손주까지 키워주시는 친정엄마에게 진 빚은 평생 갚아도 모자라다. 늘 묵묵히 응원하고 격려해주시는 친정아빠와 시아버지께도 감사하다. 함께 아이를 키우며 의지하며 지내는 언니와 형부, 조카들이 방을 휘젓고 다녀도 너그럽게 이해해 준 동생에게도 고맙다. 부족한 엄마지만 사랑해 주고 건강히 잘 자라준 두 아들 강휘 강윤에게도 항상 고맙다.

큰아이가 초등학교에 입학하면서 얻은 3개월의 육아휴직기간 동안 책을 꼭 내고 싶다는 나를 위해 출판사를 열고 독려해준 육아 동지이자 인생 선배 정아영 이룩북스 대표가 없었다면 이 책은 빛을 보지 못했을 것이다. '초보엄마 잡학사전'이라는 제목을 지어준 매일 경제 홍성윤 선배와 칼럼 연재를 도와준 보라, 미라 등 콘텐츠기획부에게도 이 책을 빌려 감사 인사를 전한다.

모든 엄마는 초보이지만, 동시에 모든 엄마는 위대하다. 혹시라도 '일하는 엄마'라는 이유로 죄책감을 갖거나 자책하고 있는 사람이 있다면 꼭 이렇게 말해주고 싶다.

"당신은 이미 잘하고 있어요."

2022년 6월 여름의 초입에

권한울

Chapter 1

나는 언제나
'초보 엄마'

딸로만 살던 내가 엄마가 되다

❖ 서른 살, 딸에서 엄마로

"죽을 만큼 아파?"

"아니, 죽을 정도는 아니고⋯."

"그럼 오늘은 아닌가 보다. 애가 나오려면 죽을 만큼 아프거든."

목욕재계한 채 친정에서 삼겹살을 구워 먹는 중이었다. 이미 출산 예정일을 넘긴 때라, 그 즈음에는 외출할 때마다 마치 마지막 샤워를 하는 것처럼 깨끗이 씻었다. 음식도 가급적 맵고 기름진 것으로만 골라 먹었다. 출산 후에는 몸조리 때문에 한동안 개운하게 씻기 어렵고, 모유 수유로 인해 맵고 기름진 음식을 먹기 어렵다는 조언들 때문이었다.

한창 삼겹살을 맛있게 먹고 있는데 갑자기 배가 너무 아팠다. 움직일 수도 없을 정도로 배가 저릿저릿한 게 바늘로 찌르는 것 같은 느낌이었다. 친정엄마에게 말하니 엄마는 "죽을 만큼 아프냐"고 물었다. 죽을 정도는 아니었다. 엄마는 "그럼 오늘은 아닌가 보다" 했다.

하지만 일정한 간격으로 계속되는 진통은 처음이었다. 밤마다 들락거리며 읽었던 온라인 커뮤니티의 숱한 글들이 떠올랐다. 바로 '진통 애플리케이션(이하 앱)'을 깔고 진통 간격을 측정했다. 약 4분 간격이었다.

'4분 간격'이라는 말에 엄마는 당장 병원에 전화를 해보라고 했다. 본인도 병원에 따라가야겠다며 주섬주섬 짐을 챙기기도 했다. 반면 당장 내원하라는 말을 듣고도 남편은 병원에서 지낼 준비를 하나도 하지 않았다. 커다란 가방을 끌어안고 비장한 표정을 짓는 엄마와 휴대전화 하나만 덜렁덜렁 들고 나온 남편. 첫 출산을 위해 병원으로 향하는 두 사람의 태도는 그만큼이나 달랐다.

병원에 도착했을 땐 자궁문이 4cm 가량 열린 상태였다. 자궁 입구가 10cm 정도로 완전히 열리면 힘을 줘 아기를 낳는다. 무통주사를 맞지 않은 까닭에 분만이 빠르게 진행되고 있다고 간호사가 설명해 주었다.

병원에 입원한 뒤에야 나는 엄마가 왜 '죽을 만큼 아프냐'고 물었던 건지 알 수 있었다. 진통은 살면서 단 한 번도 느껴본 적이 없는 수준의 고통이었다. 진통이 올 때는 몸 전체가 하나의 큰 자궁이 되어 수축했다. 처음에는 그 수축을 버티느라 힘들었고, 나중에는 함께 힘을 주어 아이를 밀어내느라 지쳐갔다. 온몸에 잔뜩 힘이 들어가고 입술이 바짝 말랐다. 빨리 아기를 낳고 쓰러져 버리고 싶다는 생각만이 간절했다.

2015년 1월 17일 새벽 1시 28분.

삼십 년 동안 딸로만 살아왔던 나는 세 시간 반의 '죽을 만큼 아픈' 산고 끝에 엄마가 되었다.

엄마는 그날 가족 분만실에서 '너무 무서워서' 손주 탯줄을 자르지 못했다. 나보다 더 어린 나이에 언니와 나, 동생까지 삼 남매를 낳고 길렀으면서 대체 뭐가 무섭다는 건가 이상하면서도, 죽을 만큼 아프냐는 질문이 죽을 만큼 아팠다는 당신의 고백 같아 가슴이 먹먹했다. 내가 첫아이를 낳고 엄마가 되던 그 순간에도 엄마에게 나는 그저 당신의 딸이었다.

❖ 임신 중 커피·파마 괜찮을까?

출산 이야기로 시작하긴 했지만 엄마가 되는 과정은 그 어느 하나 만만하지가 않다. 아이를 갖는 것 자체도 쉽지 않을뿐더러, 임신 중에 겪어내야 하는 어려움은 또 얼마나 많은지. 임신과 출산을 경험해 본 지인들 중에는 "출산보다 임신이 더 무섭다"고 고백하는 이들도 의외로 많다. 입덧은 드라마에서 보는 것처럼 낭만적이지 않고, 배 속에서 아이가 자라면서 장기들을 압박함에 따라 먹고 숨 쉬고 소화하는 모든 과정이 어려워진다. 걷고 뛰는 것은 물론이요, 앉아 쉬고 누워 자는 깃조차 편하지 않은데 심지어 그 상태가 24시간 계속된다.

임신하기 전에는 거리낌 없이 했던 모든 것이 임신부들에게는 제약이 되기도 한다. 예를 들어, 감기약이나 소화제 등 간단한 약조차 임신부들에겐 허락되지 않는다. 내 경우에는 간염, 풍진 등 예방접종을 마치지 못한 채 첫째를 임신하는 바람에 회식할 때면 항상 배를 곯았다. 코로나19라는 역병이 퍼지기 전, 아직 술잔도 돌리고 찌개도 함께 떠먹는 회식 문화가 있던 때였기에 식탁 위에 올라온 음식 중 그 어떤 것도 마음 놓고 먹을 수가 없었다. 혹시라도 병에 걸리게 되면 치료를 받을 수 없는 데다, 그 병이 태아에게 어떤 영향을 미칠지 알 수 없기 때문이었다. 그래서 첫째 임신 시기를 생각하면 회식 후 주린 배를 부여잡고 집으로 돌아와 혼자 라면을 끓여먹던 기억이 가장 먼저 떠오른다.

초밥 같은 날것, 커피나 탄산음료, 지나치게 매운 것 등 금기시되는 음식도 많다. 그중 가장 그립고 아쉬운 건 단연 커피였다. 임신 전에는 하루 두 잔 이상 습관처럼 마셨기에 더 그랬다. 쓰디쓴 커피 없이는 오전 업무를 시작할 수 없고, 점심 식사 후에 커피를 마시지 않고는 오후를 버틸 수가 없었다.

임신 초기에는 태아의 중요한 기관들이 만들어진다고 해서 기를 쓰고 참았지만 임신 중·후기에는 도무지 참을 수가 없었다. 죄책감에 시달리면서도 아침이 되면 커피 생각이 간절해 결국 커피숍으로 발걸음을 옮겼다. 대신 하루에 에스프레소 1샷을 초과하지 않는다는 원칙을 정해 커피를 즐겼다. 카페인이 없는 디카페인 커피도 즐겨 마셨다.

Tip 임신 중 커피, 정말 안 되나요?

식품의약품안전처가 정한 임신부의 일일 최대 카페인 섭취 권고량은 300㎎ 이하다. 임신부가 카페인을 지나치게 섭취하면 태반을 통해 태아에게 전달된 카페인이 분해·배출되지 않아 저체중아 출산 등으로 이어질 우려가 있다. 스타벅스를 기준으로, 톨 사이즈(355㎖) 아메리카노 한 잔에는 150㎎의 카페인이 들어 있다.

보건복지부가 운영하는 한국마더세이프 전문상담센터는 임신부가 커피를 마셔 노출된 카페인으로 인해 기형이 발생할 위험률이 증가하지는 않는다고 설명한다. 마더세이프는 태아 기형을 유발하는 위험 물질에 대한 전문상담을 담당하는 기관이다. 내가 다니던 산부인과의 주치의도 하루 커피 한 잔 정도는 괜찮다고 설명했다.

커피 못지않게 임신 중 꼭 하고 싶었던 것 중 하나가 파마와 염색이었다. 물론, 약이 독해 가급적 임신 중에는 피하는 게 좋다는 얘기는 익히 들었다. 인터넷 커뮤니티에서는 뿌염(뿌리 염색)이 시급한데도 미용실에 가지 못하는 임신부들의 얘기를 흔히 접할 수 있다.

나는 큰아이 임신 초기, 임신 사실을 모른 채 볼륨매직을 했던 적이 있다. 그 때문인지 이후 시도해 본 임신 테스트에서 '판독 불가' 결과가 나왔다. 임신 기간 내내 혹시 그 때문에 아이에게 문제가 있지는 않을지 마음을 졸였다. 다행히 무탈하게 출산했지만, 나 한 사람의 경험만으로 큰 문제가 없다고 말할 수는 없다. 그래서 의사에게 직접 물었다.

Tip 임신 중 파마와 염색, 괜찮을까요?

둘째 임신 당시 내 주치의는 마더세이프 센터장을 맡고 있던 한정열 단국대 제일병원 산부인과 교수(현 인제대학교 일산백병원 교수)였다. 그는 파마와 염색 모두 괜찮다고 설명했다.

마더세이프에 따르면 파마나 염색 시술을 통해 몸 안으로 흡수되는 약물의 양은 매우 적을 것으로 추정된다. 실제 연구들에 따르면 임신 중 파마나 염색 등 약물에 노출된 임신부의 기형이 늘지 않은 것으로 나타났다. 다만 좀 더 충분한 연구가 필요하므로, 태아의 기관이 모두 형성된 임신 12주 이후에 파마나 염색을 할 것이 권고된다. 주당 30시간 이상 근무하는 미용사들을 대상으로 한 일부 연구에서는 자연유산이나 기형아, 저체중아 출산이 더 많았던 것으로 보고됐다.

파마나 염색이 하고 싶지만 임신 중이라 망설이고 있는 임신부라면 안정기에 한 번 정도는 미용실에 다녀와도 큰 무리가 없을 것 같다.

임신 중인 사람들이 가장 궁금해하는 것 중 하나가 태아의 성(性)이 아닐까 싶다. 아기에 대해 모든 것을 알고 싶은 게 예비 부모들의 당연한 마음이기도 하고, 성별을 알아야 아기 용품을 준비하는 데에도 도움이 되기 때문이다.

태아의 성기가 발달해 초음파로 식별이 가능한 임신 12주 무렵이면 배 속의 아기가 딸인지 아들인지 알 수 있다. 하지만 병원에선 알려 주지 않는다. 의료법상 의료인은 임신 32주 이전에 태아의 성을 부모에게 알려 줘서는 안 되기 때문이다. 어길 경우 2년 이하의 징역이나 2000만 원 이하의 벌금형에 처해진다. 1년의 범위에서 의사 면허자격이 정지될 수도 있다.

내가 다녔던 차병원에서는 이를 엄격하게 지켰다. 초음파로 조금만 비춰주면 좋으련만, 애먼 발바닥과 허벅지만 보여주면서 아기가 너무 움직여 성별을 알 수 없다고 설명했다. 이 같은 병원들이 많은지 인터넷 커뮤니티에는 아기 초음파 사진을 올려두고 딸인지 아들인지 감별해달라는 요청이 수도 없이 올라온다.

의료법 20조의 '태아 성 감별 행위 등 금지' 조항은 남아선호사상이 짙었던 1980년대 분위기가 반영된 결과다. 여아를 낙태하는 경우가 많아지자 1987년 금지된 것이다. 그나마 2008년 헌법재판소가

"태아 성 감별 고지를 금지하는 것은 의료인의 직업수행 자유와 부모의 정보 접근권을 지나치게 제한하는 행위"라고 판결하면서 이듬해 의료법이 개정됐고 임신 32주 이후 성 감별이 허용됐다. 하지만 최근 '딸 둘이면 100점, 딸 하나 아들 하나면 50점, 아들 둘이면 0점'이라는 우스갯소리가 나올 만큼 딸을 선호하는 부모가 늘었는데도 의료법은 과거에 머물러 있어 법 개정이 필요하다는 지적이 나온다.

궁금한 엄마는 결국 이중, 삼중으로 병원비를 지출하며 태아의 성을 알려 줄 병원을 찾아 나설 수밖에 없다. 내 경우 불과 하루 전 다니던 병원에서 초음파 검진을 받았음에도 다음 날 다른 병원을 찾아가 같은 검진을 또 받았다. 태아 성을 알고 싶어서다. 병원비 몇만 원이 대수냐며 신랑도 따라나섰다.

마침 나와 같은 이유로 해당 병원을 찾은 산모가 막 진료를 받고 나왔다. 아들 둘에 셋째마저 아들이라는 소리에 실망한 기색이 역력했다. 다음은 내 차례. 초음파를 보더니 의사가 말했다. "첫째가 아들이라고 했나요? 둘째도 같을 것 같네요." 성별이 바뀔 가능성이 있냐고 물으니 극히 드물다고 했다.

임신 주수가 비슷한 지인 역시 다니던 병원에서 성별을 알려 주지 않자 다른 병원을 찾아가 성별을 알아냈다고 한다. 온라인상에 비슷한 사례는 수도 없이 많다. 임신부들이 태아의 성을 알려 줄 병원을 찾아 떠도는 대신 태교와 출산 준비에 집중할 수 있도록, 하루빨리 현실에 맞게 법이 개정되어야 할 것이다.

✥ 태아보험 직접 가입하기

임신 중기에 접어들면서 대부분의 임신부는 태아보험 가입을 고민한다. 조산이나 수술 등 혹시 모를 일에 대비하기 위해서다. 내 경우 큰아이 때는 귀찮아 미루고 미루다 끝내 태아보험에 가입하지 않았지만 작은아이 때에는 서둘러 가입했다. 이런저런 고가의 검사를 많이 받다 보니 더 늦기 전에 가입하는 게 좋겠다는 생각이 들었던 것이다.

보험 가입은 복잡하다. 설계사를 통하면 수월하겠지만 대신 보험료가 비싸질 우려가 있다. 설계사에게 매달 일정 부분 수수료를 떼줘야 하기 때문이다. 나는 과거 자동차보험을 온라인으로 가입해 본 경험이 있는 터라 태아보험도 직접 가입해 보기로 했다. 인터넷으로 직접 보험에 가입하면 보험료가 훨씬 저렴해진다.

가장 먼저 결정해야 할 것은 생명보험사와 손해보험사 중 어느 보험사 상품에 가입할 것인지 선택하는 것이다. 생명보험은 사람의 사망이나 생존을 보험사고로 하는 일체의 보험을 말한다. 손해가 얼마나 발생했는지에 관계없이 사고가 발생하면 일정 금액을 지급한다. 반면 손해보험은 우연한 사고로 인해 생긴 재산상의 손해를 보상해주는 보험이다. 생명보험은 굵직한 병에 대해 보장이 잘 돼 있는 반면, 손해보험은 자잘한 사고나 통원치료에 대한 보상이 잘 돼 있다는 장점이 있다.

기존에 가족들이 모두 자잘한 통원치료가 많았던 점을 감안해 손해보험사 상품에 가입하기로 결정했다. 보험업계의 경우 인수·합병(M&A)이 잦은 편이고, 보험금 지급 능력이나 각종 서비스 측면에서도 큰 기업에 가입하는 게 안심이 될 것 같아 업계 순위를 살펴봤다. 손해보험 업계 1위는 삼성화재다.

보험 가입은 선택의 연속이다. 수많은 상품 중 어떤 상품을 고를지, 100세 만기와 30세 만기 중 어느 것으로 택할지, 보험료는 5년 동안 낼 건지 10년 동안 낼 건지 등을 선택해야 한다. 다행히 온라인 가입이 가능한 상품들은 다양하지 않고, 비교도 쉬운 편이어서 금방 선택할 수 있었다. 나는 규모가 큰 손해보험사의 다이렉트 어린이보험 중 '순수보장형, 고급 플랜, 30세 만기, 5년 납입'을 선택했다.

나중에 보험 원금 일부를 되돌려주는 '원금 환급형'에 비해 보장만 해주고 소멸해버리는 '순수보장형'이 월 6000원가량 더 저렴했다. 30년 또는 100년이 지난 뒤 원금을 돌려받는 것보다는 지금 당장 할인을 받는 게 더 유리할 것 같아 '순수보장형'을 선택했다. 실속, 표준, 고급 플랜 중 고급 플랜으로 선택한 이유는 보장 범위가 넓기 때문이다. 처음부터 100세 만기로 가입하기보다는 아이가 자란 후 아이의 상황이나 특성에 맞는 상품으로 갈아타는 게 낫다는 지인들의 조언에 따라 30세 만기를 선택했다. 성인이 되면 상황이 달라지니 그때 다시 보험을 재설계하는 것이 좋아 보였다.

보험금은 5년, 10년, 15년, 20년 중 하나를 선택해 해당 기간 동안 납부할 수 있다. 지정한 기간 동안 보험료를 내고 30세까지 보장받는 개념이다. 보험료 총액을 계산해 보니 내 경우 보험 납부 기간이 5년 늘어날수록 부담해야 하는 금액이 300만 원씩 더 늘었다. 보험금을 5년 동안 납입하면 보험료 총액이 약 900만 원인데 20년 동안 내면 1800만 원, 즉 두 배나 더 내야 하는 것이다. 주저 없이 5년 납입을 선택했다. 성격상 그 사이에 보험 상품을 바꾸지도 않을 것 같고 가격 차이도 너무 많이 났기 때문이다.

Tip **보험 비교, 어디서 하지?**

혹 태아보험 상품과 가격을 비교해 보고 싶다면 태아보험 비교사이트 중 보험다모아(http://www.e-insmarket.or.kr/intro.knia)를 추천한다. 손해보험협회와 생명보험협회가 합심해 만든 공식 사이트여서 더욱 믿음이 간다. 태아보험 가입은 반나절이면 충분하다. 알아보고 고민하는 시간을 포함해서다.

*사족: 사실 태아보험은 잘못된 용어다. 어린이보험 상품에 가입하되 태아에 대한 보장을 '특약'으로 넣는 것을 대부분 태아보험이라고 부른다. 보상 역시 아이의 출생 이후에 대해서만 가능하다. 대부분 보험사는 임신 22주 이내에만 '태아보험'에 가입할 수 있도록 해놨다.

❖ 알쏭달쏭 출산 신호… 누구한테 물어보지?

출산을 한 달 앞두고 임신부의 두려움은 극에 달한다. 10개월 동안 기다렸던 아기를 만난다는 기쁨도 잠시, 매일 온라인 카페에 올라온 출산 후기를 읽고 얼마나 아플지 상상하며 밤잠을 설치기 일쑤다. 출산을 알리는 신호는 무엇인지, 어떤 진통이 얼마나 와야 병원에 가는 것인지 궁금한 것투성이다. 출산 후기를 섭렵할수록 머릿속은 더욱 복잡해진다.

나도 예외는 아니었다. 밤마다 잠들기 전 한 시간 동안 온라인 카페에 접속해 매일 출산 후기를 읽었다. 이슬(해산 전에 조금 나오는 누르스름한 물)은 언제쯤 비치는지, 이슬이 비치면 곧장 아이를 낳는 건지, 이슬 없이도 진통이 오는지, 어떤 것이 진통인지 등 모든 게 궁금했다. 저마다 표현도 다르고 상황도 달라 무엇이 정확한 정보인지 알 수 없지만 그래도 밤마다 후기를 읽었다. 그래야 잠을 잘 수 있었다.

첫째 때는 출산 예정일이 지나도 아기가 나오지 않았다. 매일 두 시간씩 걸었지만 아무런 신호가 없었다. 예정일을 이틀 넘긴 새벽, 이슬이 비쳤다. 인터넷에 떠돌아다니는 다양한 설명을 읽고도 감이 오지 않았는데, 막상 눈으로 확인하면 '아, 이게 이슬이구나' 하고 직감하게 된다. 누군가는 이슬이 연핑크색이라고 하고 누군가는 옅은 갈색이라고 하지만 색이야 어떻든 간에 이슬을 보는 순간 그냥 알게 된다.

양수가 터지면 24시간 이내에 아기를 낳아야 하지만 이슬이 비치고도 일주일 동안 아기가 안 나올 수도 있다는 글을 어디선가 본 적이 있다. 혹시나 하는 마음에 냉장고를 정리하고 쓰레기를 비웠다. 잠깐 배가 아프다 말았고 별일 없이 하루가 끝나갈 무렵, 다시 배가 아팠다. 10초가량 싸한 느낌이 들다 괜찮고 다시 10초가량 싸한 느낌이 들길 반복했다. 친정엄마는 "죽을 만큼 아프냐"고 물었고 나는 "죽을 정도는 아니"라고 했다. 엄마는 "그럼 오늘은 아니다" 했다.

노파심에 '진통 간격 애플리케이션(앱)'을 내려받아 진통 간격을 측정했다. 배가 아플 때마다 버튼을 누르면 그 기록을 바탕으로 평균 진통 간격을 측정해 주는 앱이다. 임신부들이 필수적으로 내려받아야 할 앱으로 알려져 있다. 한 시간가량 측정한 결과 평균 4분에 한 번씩 진통이 왔다. 배가 아픈 10초 동안은 '얼음 땡' 놀이에서 '얼음'이 된 것 같은 느낌이 든다. 아랫배가 싸한 게 움직일 수도 없고 말하기도 곤란하다. 진통이 가시고 나면 보통 때처럼 평온하다.

'4분 간격'이라는 말에 갑자기 친정엄마가 병원에 전화해 보라고 했다. 진통 간격이 10분 이내일 경우 출산이 임박한 것으로 보고 병원에 간다. 간호사는 "왜 이렇게 늦게 전화했느냐"며 당장 병원으로 오라고 말했다. 짐을 챙기러 집에 들렀는데 신랑은 아무것도 챙기지 않았다. 많이 아파 보이지 않는다며 "집으로 돌려보낼 것 같다"는 것이다. 그러나 그날 나는 병원에 도착한 지 3시간 반 만에 자연 분만으로 첫째를 낳았다.

가진통(가짜 진통) 없이 첫째를 출산하다 보니 진통이 오면 곧장 병원에 가야 한다는 생각이 자리 잡았던 모양이다. 둘째를 임신한 만삭의 나는 저녁 회식 자리에서 갑자기 배가 아팠다 괜찮아지기를 반복했다. 30분간 진통 간격을 측정해보니 평균 10분에 한 번꼴로 진통이 왔다. 병원에 전화했더니 30분간 더 측정해 본 후 진통 간격이 줄고 강도가 세지면 바로 병원에 오라고 했다. 다행히 진통 간격이 불규칙했고 강도도 더 세지지 않았다. '가짜 진통'이었던 셈이다.

Tip **가진통과 진진통, 어떻게 구분하나요?**

가짜 진통과 진짜 진통을 구분하는 것은 쉽지 않다. 서울대학교병원 의학정보에도 '분만으로 진행할 진정한 진통인지 점차 잦아들 가진통인지를 구별하는 것은 매우 어려워서, 심지어 결과적으로 분만을 했으면 진통이고 분만을 하지 않았으면 가진통이라고 우스갯소리를 하기도 한다'고 적혀 있을 정도다.

그러니 알쏭달쏭한 출산 신호 때문에 혼란스럽거나 배가 아픈데 언제 병원에 가야 할지 헷갈린다면 병원 분만장이나 응급실에 전화해 보길 권한다. 수많은 산모의 출산 과정을 지켜본 간호사들이 진통 간격, 진통 세기, 임신 주수 등을 종합적으로 따져 판단해 주기 때문이다.

❖ 출산 직후 꼭 해야 하는 세 가지

출산은 또 다른 시작이다. 임신 기간 동안에도 기형아 검사, 태아 보험 가입, 출산용품 준비 등 이것저것 알아보느라 골치가 아팠겠지만 그게 끝이 아니다. 출생신고, 양육수당 및 출산지원금 신청 등 출산 후에도 알아보고 해야 할 일이 수두룩하다. 출산 직후 부지런을 떨지 않으면 놓칠 수 있는 것을 세 가지로 정리했다.

첫 번째는 출생신고다. 자녀를 가족관계등록부와 주민등록에 등록하는 과정으로 출생 후 1개월 이내에 출생지 관할 구청·읍사무소·면사무소 또는 동주민센터에 신고해야 한다. 출생신고 기간 내에 신고하지 않으면 5만 원 이하의 과태료가 부과된다.

신청 방법은 간단하다. 과거에는 방문·우편 접수만 가능했으나 최근 인터넷 접수가 가능해지면서 더 수월해졌다. 온라인 출생신고는 '온라인 출생신고 대상 의료기관'에서 출생한 경우에만 신청이 가능하다. 해당 의료기관은 전자가족관계등록시스템 홈페이지에서 확인할 수 있다. 온라인 신고의 경우 신고인의 명의를 확인할 수 있는 인증서도 준비해야 한다.

구비서류로는 출생증명서 등 출생 사실을 증명하는 문서와 신분증이 필요하다. 부모가 아니어도 신청할 수 있지만 이 경우에는 구비서류가 많으니 사전에 필요한 서류를 확인해야 한다.

부모 중 한 명이 방문 신청하는 경우에는 병원 등에서 받은 출생 증명서와 신분증을 가지고 가까운 출생지 관할 읍사무소·면사무소나 동주민센터에 가면 된다. 배우자의 주민등록번호를 미리 알아 가면 서류 작성이 수월하다. 출생신고를 하면 곧장 자녀의 주민등록번호가 부여된, 늘어난 식구를 확인할 수 있는 주민등록등본을 받아볼 수 있다.

두 번째는 양육수당, 전기 요금 감면 등 각종 출산 지원 서비스 신청이다. 과거에는 출생신고를 인터넷으로 접수할 수 없어 방문 접수 시 한꺼번에 처리했지만, 지금은 출생신고와 함께 인터넷 클릭 한 번만으로 통합 신청이 가능하다. 정부가 양육수당, 전기 요금 감면 등 각종 출산 지원 서비스를 한 번에 신청할 수 있도록 '행복 출산 원스톱 서비스'를 운영하고 있기 때문이다. 양육수당, 공공요금 경감, 지자체 출산 지원 서비스(출산지원금 등), 아동수당, 영아수당, 첫만남 이용권 등을 정부24 홈페이지에서 한꺼번에 신청할 수 있다.

출산 지원 서비스 중 보육 비용은 가정양육수당과 영유아 보육료 두 가지로 나뉜다. 아기를 어린이집에 보내지 않는 가정은 가정양육수당을, 어린이집에 보내는 가정은 영유아 보육료를 지원받는다. 둘 다 받을 수는 없다. 집에서 아기를 돌본다면 아기가 생후 11개월이 될 때까지 매달 20만 원을 현금으로 지원받는다. 아이가 클수록 지원 금액이 줄어드는데 생후 12~23개월에는 월 15만 원, 24~86개월에는 월 10만 원을 받는다. 매달 정해진 날짜에 아동 또는 부모 명의 통장으로 지급된다. 만 0~5세의 영유아를 어린이집에 보냈다면 가정양육수당 대신 보육료를 바우처로 지원받는다. 연령에 따라 지원 금액이 다른데 어린이집 비용을 부모가 따로 내지 않는다고 생각하면 쉽다.

가정양육수당은 온라인 신청이 가능하며, 방문 신청할 경우에는 신분증만 가져가면 된다. 일부 주민센터에서는 아직도 통장 사본을 요구하기도 하므로 사전에 전화로 확인하고 가는 게 좋다. 출생일 포함 60일 이내에만 양육수당을 신청하면 출생월로 소급해 지원하니 너무 서두르지 않아도 된다.

영아수당, 아동수당 등도 지급된다. 2022년 이후 출생한 만 2세 미만(0~23개월) 아동에게는 영아수당 월 30만 원이 현금으로 지급된다. 어린이집 등을 이용하지 않고 가정에서 양육하는 영유아를 대상으로 하며 영아수당과 가정양육수당은 중복 지급되지 않는다. 만 8세 미만의 아동(0~95개월)에게는 아동수당으로 1인당 월 10만 원이 현금으로 지급된다.

출산하면 전기료도 감면해 준다. 출생일이 1년 미만인 영아가 포함된 가구는 신청일로부터 1년간 해당 월 전기 요금의 30%(월 1만 6000원 한도)를 할인받을 수 있다.

마지막으로 해야 할 일은 어린이집 입소 대기 신청이다. 아기를 1

년 후에 어린이집에 보낼 계획이라도 어린이집 입소 대기 신청은 미리 해야 한다. 지역에 따라 차이가 있겠지만 서울은 대개 아기가 돌이 지날 때까지 자리가 없어 어린이집에 못 보내는 경우가 많다. 온·오프라인 신청 모두 가능하다. 온라인 신청 시 임신육아종합포털 아이사랑 홈페이지나 서울시 보육포털 홈페이지에 접속하면 된다. 과거에는 태아도 어린이집 입소 대기 신청을 할 수 있었지만 이제는 출생후 주민등록번호를 받은 경우에만 신청할 수 있다.

먹이고 재우는 게 이렇게 힘들 일이야?

❖ '완모'하지 못하면 나쁜 엄마일까?

'완모(완전 모유 수유)'는 나와 거리가 먼 단어였다. 나는 큰아이가 생후 120일 되던 날 단유를 했다. 사실 단유랄 것도 없었다. 젖 양이 많지 않아 분유에 의존했고, 단유 후에도 아이는 젖을 찾지 않았다. 나는 다만 100일까진 모유를 먹여야 한다는 주변 어르신들의 권유에 엄마로서의 책무를 다하고자 근근이 모유 수유를 이어갔다.

처음엔 나도 '완모' 엄마가 될 수 있을 줄 알았다. 조리원에서는 초유(분만 후 며칠간 분비되는 노르스름하고 묽은 젖)가 많아 주변 엄마들의 부러움을 샀고 간호사들은 완모도 문제없을 것이라며 설레발을 쳤다. "조리원에서는 무조건 쉬라"는 주변의 조언에도 새벽부터 자정까지 쉬지 않고 수유를 했고 틈틈이 유축기로 모유를 미리 짜 저장했다. 수유한 지 1분도 안 돼 잠드는 아이를 붙잡고 한 시간에 한 번꼴로 수유하며 완모를 향해 부단히 노력했다.

하지만 조리원 퇴소와 동시에 모유 수유와도 거리가 멀어졌다. 조리원에서는 차려준 밥을 먹고 쉬다가 아기가 배고파할 때 수유만 하면 됐지만, 집에 오니 밥은커녕 빵이나 떡으로 끼니를 때우기 일쑤였다. 육아뿐 아니라 집안일도 내 몫이 되다 보니 한 시간에 한 번꼴로 젖을 물리는 게 버거웠다.

수유 자세도 자리를 잡지 못해 아기는 늘 배고파했다. 반면 분유를 보충해 주면 서너 시간을 내리 잤다. 자주 배고파 깨는 모유보다는 서너 시간 푹 자는 분유가 편했고, 그렇게 나는 완모와 멀어졌다. 하루에 한 번쯤 모유를 먹였을까, 120일까지 버틴 게 스스로 대견하다는 생각이 들 때도 있었다. 사실상 '완분(완전 분유 수유)' 아기로 자란 큰아이는 엄마의 죄책감을 덜어주기라도 하려는 듯 다행히 무탈하게 잘 컸다.

작은아이 때는 완모에 대한 욕심을 버리기로 했다. 조리원에서도 푹 쉴 생각이었다. 하지만 계획대로 되지 않았다. 모자동실을 쓰는 병원에서는 최대한 모유 수유를 해보고 정 힘들면 그때 분유를 주겠다고 했다. 수유 자세도 잘 안 잡히고 아이도 잘 먹지 못해 분유를 달라고 하고 싶었지만 왠지 모를 죄책감에 말을 꺼내지 못했다. 조리원에서도 '모유는 엄마가 아기에게 줄 수 있는 가장 큰 선물'이라며 모유 수유를 권장했고, 매일같이 수유 자세를 확인하며 모유 수유 횟수를 체크했다. 분유를 먹이는 엄마는 마치 '나쁜 엄마'인 것 같은 분위기 탓에 조리원에 있던 산모들 모두 하루 종일 젖만 물렸고 나도 예외는 아니었다.

조리원 퇴소 후에는 구청에서 지원해 주는 산모돌보미가 3주 동안 집안일 등을 도와준 덕분에 큰아이 때보다는 비교적 좋은 환경에서 모유 수유를 연습할 수 있었다. 하지만 부득이하게 항생제를 먹어야 하는 상황이 생기면서 약 3주간 모유 수유를 못 했다. 그렇게 '완분' 아기로 돌아서는가 싶었지만 나도 모르게 욕심이 생겼다. 아기가 빠는 힘이 세서 엄마가 좀 더 노력하면 완모도 가능하겠다는 조리원 간호사 말이 귓가에 맴돌았다.

조리원에서 알려 준 대로 분유 몇 방울로 아기를 꾀어 수시로 젖을 물렸다. 큰아이에게 모유를 많이 주지 못했다는 미안함에 작은아이는 밤낮으로 모유 수유를 하려고 애썼다. 모유 수유 횟수를 늘리고 분유를 줄여가던 차에 다니던 소아과 의사가 '기왕 이렇게 된 거 완모에 도전해보시죠'라며 불을 댕겼다. 그렇게 작은아이는 '완분'에서 '완모' 아기가 됐다.

완모를 하고 보니 가장 먼저 가계에 변화가 왔다. 분윳값이 나가지 않아 한 달에 많게는 10만 원가량을 아낄 수 있게 됐다. 외출할 때도 분유와 젖병 등을 챙기지 않아도 돼 한결 간편해졌다. 세 시간 이상 아기를 두고 외출할 수 없다는 점을 빼고는 장점이 많았다. 아기와 살을 맞대고 교감하는 것은 이루 말할 수 없는 기쁨이었다. 모유가 아기 발달에 좋다는 것은 두말할 필요도 없다.

Tip 완모, 꼭 해야 할까?

모유 수유에는 장점이 많다. 그럼에도 누군가 꼭 완모를 해야 하느냐고 묻는다면 나는 꼭 그럴 필요는 없다고 답하고 싶다. 아무리 모유가 아기에게 좋다고 한들, 모유 수유가 엄마를 불행하게 한다면 그것은 결국 아기를 불행하게 하는 일이기 때문이다.

모유 수유 시간만 되면 우울해진다는, 일명 '슬픈 젖꼭지 증후군'을 호소하는 엄마도 적지 않다. 모유가 나오려면 '프로락틴'이라는 호르몬 분비가 증가하는데 일부 여성은 이때 즐거움을 관장하는 신경전달물질인 '도파민'이 불규칙적으로 줄어 부정적 감정을 느낀다. 건강상의 문제로 아기에게 모유를 먹일 수 없는 엄마들도 많다. 혈압약이나 항생제 등 모유 수유가 금지된 약을 먹어야 하는 경우도 있다.

아기에게 모유는 먹이지만 몸이 아프고 우울한 엄마와 분유를 먹이지만 행복하고 건강한 엄마. 과연 어떤 엄마와 있을 때 아기가 건강하고 행복하게 잘 클 것인가 생각해 보면 답이 나온다. 완모를 못한다고 죄책감을 느낄 필요는 없다는 얘기다.

❖ 수유만 하면 살이 빠진다더니…

"완모(완전 모유 수유)에 도전해 보시죠."

분유와 모유의 갈림길에 놓인 내게 의사의 권유가 달콤하게 들린 건 다이어트 때문이기도 했다. 모유 수유를 하면 칼로리 소모가 많아져 체중 감소에 도움이 된다는 얘기를 익히 들었다. 완모에 성공한 친구 하나는 수유 기간 중에 아무리 먹어도 살이 찌지 않고 오히려 빠졌다며 완모를 부추겼다. 큰아이를 낳고 살이 빠지지 않아 늘 고민이었던 나는 다이어트라는 흑심을 품고 완모에 도전했다. 아이에게 가장 좋은 맞춤 영양식이라고 하니 모유 수유를 하지 않을 이유도 없었다.

큰아이를 임신하고 내 몸무게는 14㎏ 늘었다. 정상적인 산모의 임신 후 체중 증가는 12~15㎏라고 하니 평균에 속한 셈이었다. 임신할 때 살이 너무 많이 찌면 나중에 빼기 힘들다는 선배들의 조언에 따라 나름대로 체중 관리를 한 것이었다. 아이를 낳고 나면 아이 몸무게와 양수 무게 등 6㎏ 이상 빠질 것이라 기대했지만 오산이었다. 출산 직후 아이 몸무게(3.91㎏)만 빠지고 2주간의 조리원 생활 내내 몸무게는 변함이 없었다. 삼시 세끼에 간식까지 챙겨 먹으니 살이 빠질 리 만무했다.

1년 동안 혼자 집에서 아이를 돌보느라 여유가 없었던 내게 유일한 운동은 마트를 걷는 것이었다. 남편이 케틀벨과 운동 장갑 등을 사다 줬지만 운동을 하기는커녕 육아에 지쳐 잠들기 일쑤였다. 육아 휴직 후 나는 6kg의 불어난 살과 함께 회사에 복귀했다. 복직 후에는 퇴근하자마자 집으로 달려가 아이 돌보기 바빴다. 그나마 점심 시간에 근처 백화점 문화센터에서 요가를 수강한 것이 당시 내가 한 일 가운데 제일 잘한 일이었다.

작은아이를 임신하고부터는 체중 관리에 힘썼다. 과거에 빼지 못한 살 때문에 임신부 평균치(12~15kg)만 늘어도 절망적인 몸무게가 될 것이 뻔했다. 의식적으로 덜 먹으려고 노력했고 과자나 초콜릿은 가급적 먹지 않았다. 임신 후 체중은 9kg 느는 데 그쳤고 그마저도 조리원에서 다 뺐다. 조리원에서 주는 밥과 간식을 다 먹으면 살이 안 빠진다는 것을 첫째 때 학습한 덕이 컸다. 조리원에서의 2주 동안 나는 반찬은 다 먹되 밥과 간식은 절반만 먹었다.

이후 완모에 도전한 나는 첫째 임신 때 쪘던 살까지 모유 수유로 모두 빼고 말리라는 헛된 꿈을 꾸었다. 하지만 모유 수유 중 다이어트는 생각만큼 쉽지 않았다. 수유를 위해서는 뭐든 챙겨 먹어야 했고, 수유 직후에는 허기가 져 또 먹어야 했다. 내가 먹지 않으면 젖이 안 나온다는 강박관념도 다이어트를 방해했다. 밤중 수유는 다이어트 훼방꾼이었다. 수유를 마친 새벽이면 고요한 거실에서 남편 몰래 간식을 챙겨 먹었다. 이쯤 되니 완모와 다이어트는 상관관계가 없는 것 같기도 했다.

"완모 해도 먹는 걸 조심하지 않으면 오히려 살이 찌더라고."

조리원에서 만난 다둥이 엄마의 말이 그제야 뇌리를 스쳤다. 완모를 핑계로 늦은 밤 시켜 먹은 치킨과 떡볶이를 생각하니 다이어트를 부르짖던 나 자신이 부끄러워졌다.

"애 키우는 것도 중요하지만 너도 건강 관리해야지."

어린 둘째를 어린이집에 보내기로 결정한 데는 친정엄마의 말이 결정적이었다. 불어난 체중에 언제부턴가 셀카조차 찍지 않게 된 내가 다시 출산 전 몸매로 돌아갈 수 있을까. 아직까진 요원해 보인다.

❖ 대상포진에 걸려도 모유 수유 괜찮을까?

두 아이를 돌보던 중 대상포진에 걸렸다. 감기로 열이 펄펄 끓는 두 녀석을 밤새 간호하고, 요로 감염에 걸려 병원에 입원한 작은아이를 돌보느라 몸이 약해진 탓이었다. 겨드랑이와 팔이 저릿하고 감각이 없어 병원에 가볼 생각이었는데 갑작스레 애들이 아파 못 갔다. 17kg의 첫째, 12kg의 둘째를 하루에도 수십 번씩 안아 근육통이 왔나 보다 하고 지나쳤는데 작은아이가 병원에 입원한 둘째 날, 등에 수포가 올라왔다.

처음엔 수포인 줄도 몰랐다. 조금 간지럽고 화끈거리기에 벌레에 물린 줄 알았다. 다음 날 팔 안쪽과 가슴에도 수포가 올라왔다. 대상포진을 앓은 지인에게 증상을 물었다. 처음엔 묵직하게 아파 신경통이나 근육통을 의심하는데 이내 좁쌀만 한 수포가 올라온다고 했다. 겨드랑이나 사타구니 등 림프절이 많이 모여 있는 곳이 아픈 경우가 많다고 했다. 대상포진은 중장년층이 많이 걸리지만 젊은 사람도 과로하거나 스트레스를 많이 받으면 걸릴 수 있다. 그나마 조기에 발견해 치료해야 고생이 덜하다.

종합병원에 입원 중이라 간호사와 의사를 비교적 쉽게 만날 수 있었다. 간호사에게 이야기하니 대상포진 가능성이 높다며 의사를 불러왔다. 의사는 대상포진인 것 같다며 격리하는 것이 좋겠다고 했다. 대상포진 자체는 전염력이 낮지만 이전에 수두를 앓은 경험이 없는 사람, 어린이나 병원에 입원 중인 환자처럼 면역력이 낮은 사람에게는 전염될 수도 있다는 설명이었다. 대부분은 접촉으로 병이 옮지만 드물게 공기 중으로 전염된다는 연구도 있으니 아이와 따로 지내는 것이 좋다고 했다. 그날 밤 퇴근한 신랑과 배턴 터치를 하고 나는 얼떨결에 자유부인이 됐다.

다음 날 피부과에 가 대상포진 확진을 받았다. 일주일가량 항바이러스제와 진통제를 먹으면 된다고 했다. 복용 중에 모유 수유는 가능하나 유축해서 먹이길 권했다. 과거 항생제 복용 중에 모유 수유를 중단한 경험이 있었기에 며칠 후 다른 의사에게 다시 물었다. 그 의사는 모유 수유를 안 하는 게 좋다고 답했다. 혼란스러워 약사에게 물으니 "약이 모유를 통해 아이에게 전달될 확률이 20% 정도인데 의사가 이것을 어떻게 해석하느냐에 따라 모유 수유 가능 여부가 갈리는 것"이라고 설명해 줬다. 명쾌했다. 나는 모유를 버리기로 했다.

5일 동안은 아이들을 보지 못했고 나머지 3일은 아이들을 보긴 했으나 만지지 못했다. 둘째에게 모유는 주지 않았다. 독한 약이 아이에게 갈까 찝찝했기 때문이다. 모유 없이는 잠들지 못했던 아이가 분유 200㎖를 들이키고 잘 잤다. 단유 시기를 정하지 못하던 나는 얼떨결에 단유를 했다. 복직 전, 언젠가 해야 할 일이었다. 마음이 약해 하지 못했던 것을 대상포진에 걸린 김에 하게 된 셈이다.

Tip **단유 마사지, 꼭 받아야 할까요?**

단유에 특별한 준비는 필요하지 않다. 약을 지어 먹거나 단유 마사지를 받기도 하지만 대한모유수유의사회 소속 소아과 의사는 "그럴 필요가 없다"고 했다. 의사는 "수유 횟수를 줄이면 자연스레 젖 양이 줄고 더 줄이면 저절로 단유가 된다"며 "가슴이 정 불편하면 약을 지어줄 수 있지만 자연스럽게 젖 양을 줄이는 게 좋다"고 설명했다. 나는 자연스레 유축 횟수를 줄이며 단유를 했다.

눈앞의 아이들을 만지고 안아볼 수 없다는 것은 생각보다 힘든 일이다. 아이들의 살냄새도 그리웠다. 수포가 난 부위에 딱지가 가라앉고 의사가 아이들과 접촉해도 된다고 하던 날 아이들을 있는 힘껏 안아줬다. "엄마 다 나았어?"라고 묻는 첫째와 강아지처럼 살을 부비는 둘째를 보니 이 맛에 아이를 키우는 게 아닌가 싶었다. 엄마가 건강해야 가정이 유지된다는 남편의 말을 곱씹었다.

⁘ 생후 6개월에 또 다른 도전, 이유식

"이유식은 6개월부터 시작하세요."

의사의 말에 둘째가 만 6개월이 되기만을 기다리고 있었다. 하지만 비슷한 또래의 아기들이 하나둘 이유식을 시작하자 조바심이 났다. 생후 162일, 이 정도면 됐지 싶어 이유식을 시작했다.

잠자고 있던 믹서를 꺼냈다. 쌀을 불려 곱게 간 후 냄비에 넣고 물과 함께 끓였다. 2년 반 전에 첫째 이유식을 직접 만들었던 터라 이유식 책을 굳이 찾아볼 필요는 없었다. 좀 되직하게 만들어졌지만 '괜찮겠지' 하는 생각에 가스레인지 불을 껐다.

드디어 둘째에게 생애 첫 이유식을 먹였다. 입맛을 다시며 곧잘 받아먹었다. 한두 숟가락만 먹으려고 했는데 욕심이 났다. 쩝쩝 잘 받아먹는 게 예뻐 다섯 숟가락 정도 줬나 보다. 아이는 이내 다 토하고 잠들었다. 그날 밤 나는 되직한 쌀죽에 물을 더 넣어 묽게 만들었다.

아기가 생후 4~6개월이 되면 '이유식'이라는 새로운 도전이 찾아온다. 아기를 재우고 이유식에 필요한 준비물과 식재료를 알아보기 위해 밤새 휴대폰을 뒤지고 있노라면 눈은 또 어찌나 침침한지. 육아는 늘 새로움의 연속이고, 그래서 엄마는 언제나 초보다.

Tip **이유식, 언제 어떻게?**

이유식은 모유나 분유만으로는 채울 수 없는, 성장에 필요한 영양을 채우기 위해 생후 6개월 무렵 시작한다. 덩어리가 있는 단단한 음식을 씹어 먹는 습관을 기르기 위해서도 꼭 필요한 과정이다.

쌀죽부터 시작해 양배추, 브로콜리, 호박 등을 4~7일 간격을 두고 하나씩 첨가해 먹이는 게 좋다. 알레르기 등 아이에게 문제가 없는지 알아보기 위함이다. 만 6개월에는 반드시 고기를 먹여야 한다. 한 번 섞어 문제가 없는 것은 계속 먹여도 되고, 이유식 초기에는 한 번에 60g 정도를 하루에 두세 번 먹이면 된다. 돌이 되기 전까지는 통상 간을 하지 않는다.

생후 7~8개월에는 중기 이유식을 진행한다. 이유식 양을 늘리고 야채 등을 잘게 다져 덩어리 음식을 먹는 연습을 시킨다. 이때부터 숟가락으로 스스로 먹는 연습을 하고 분유를 컵으로 먹이기 시작한다. 생후 9~11개월은 이유식 후기로 덩어리가 많은 음식을 먹을 수 있다. 밥, 고기, 야채, 과일, 모유나 분유 등을 골고루 먹이고, 모유를 먹는 아이는 매일 고기를 먹어야 한다.

일부 엄마들은 이유식 마스터기 등 이유식 제조에 특화된 전자제품을 쓰기도 하는데 나는 일반 믹서와 냄비를 사용해 만들었다. 육아는 '장비빨'이라고, 이유식 마스터기를 쓰면 이유식 만들기가 한결 편하다는 얘기만 들었다. 그러나 이유식과 가족 식사를 따로 만들기 어려워 이유식 중·후기에는 전기밥솥의 만능 찜 기능을 이용해 온 가족이 함께 죽을 먹었다. 이유식을 만들어주기 어려운 경우 전문 업체에서 배달을 시켜 먹이기도 한다. 다양한 해결책이 있으니 이유식 때문에 너무 스트레스 받지 않길 바란다.

❖ 우리 아이 어디서 어떻게 재울까?

"곧 둘째가 태어나는데요. 다들 어떻게 주무시나요?"

온라인 맘카페에는 종종 이런 질문이 올라온다. 첫째 낳고는 아기침대나 범퍼침대를 들여 함께 잤는데 아이가 한 명 더 생기면 침실을 어떻게 꾸며야 하는지, 잠은 어떻게 자야 할지 모르겠다는 것이다. 엄마와 첫째가 부부 침대에서, 남편과 둘째는 바닥에서 잔다거나 각 방에 아이 한 명씩 데리고 가서 재운다는 등 엄마들의 대답도 제각각이었다.

우리집의 경우 첫째를 낳고서는 아이와 내가 한 침대에서 자고 남편은 거실에서 잤다. 아이가 이리저리 뒹굴어 침대에서 떨어질까 걱정될 무렵에는 범퍼침대를 사 침대 옆에 두고 아이를 바닥에서 재웠다. 침대 프레임을 처분하고 매트리스에서 온 가족이 다 함께 자는 지인도 많이 봤다.

둘째 출산일이 임박하면서부터 나 역시 어떻게 자야 할지 고민이 됐다. 신생아 때는 휴대용 아기침대를 부부 침대에 두고 재웠고, 둘째가 좀 더 크고 나서는 첫째를 부부 침대에서 재우는 대신 둘째는 아기침대에서 재웠다. 어떻게 자도 침대는 좁았고 아이는 가끔 자다 말고 침대 밑으로 떨어져 울었다. 침대가 좁다는 이유로 둘째를 친정에 재우고 온 적도 있었다.

온 가족이 한 침대에서 잘 수 있는 '패밀리 침대'로 바꿀까도 생각해 봤지만 비용이 만만치 않은 데다 아이들이 크고 나면 다시 부부 침대가 필요할 것 같았다. 고민 끝에 싱글 침대를 하나 사서 붙이기로 했다. 아기침대를 처분하고 침실 구조를 바꾸는 큰일이었지만 매일 저녁 침대 끝에 붙어 쪽잠을 잘 수는 없는 일이었다.

큰맘 먹고 침대를 사고 나니 아이들이 뛸 듯이 기뻐했다. 이제 마음껏 돌아다니면서 잘 수 있냐고 물으며 첫째가 침대에서 방방 뛰었다. 침대 끝에 매달려 자던 우리 부부도 모처럼 숙면할 수 있었다. 왜 진작 사지 않았나, 아쉬움이 남았다.

신혼살림을 장만 중인 예비부부라면 침대 결정에 신중하라고 당부하고 싶다. 2세 계획이 있는 부부라면 더욱 그렇다. 침대는 고가인데다 자주 바꾸는 가구가 아니기 때문에 처분 후 새로 구입하는 게 쉽지 않다. 그래서인지 맘카페에는 '패밀리 침대를 사고 싶지만 신혼 때 비싸게 주고 장만한 침대를 처분하기 너무 아깝다'는 글이 자주 올라온다. 신혼 때부터 패밀리 침대를 사는 게 쉽지는 않겠지만 중장기적 계획을 가지고 신혼살림을 장만하면 후회가 없을 것 같다.

3

둘째는 쉬울 줄 알았지? 현실은 '초보 다둥이 엄마'

✥ 의료비 100만 원 순삭… 경산모도 별 수 없는 '호갱 인증'

작은아이를 출산한 이듬해 연말정산 기간의 일이다. 홈택스 홈페이지에 접속해 지난 한 해 동안 얼마나 썼는지 확인해 봤다. 신용카드 사용액은 말할 것도 없고 특히 의료비 지출이 컸다. 280만 원 상당이었다. 임신·출산으로 병원에 수시로 다녔다지만 같은 시기에 임신해 출산한 친구에 비해 2.5배나 많은 금액을 의료비로 썼다. 이런저런 검사 비용이 많이 들었기 때문이다.

> **Tip** 임신·출산 관련 진료, 개인 실비보험 적용 안 돼요
>
> 대부분 개인 실비보험은 임신·출산 관련 진료를 보상해 주지 않는다. 그러나 회사 단체보험은 경우에 따라 초음파 검사 등 임신·출산 관련 외래 진료에 대해서도 보상해 주기도 하니 꼭 확인해 보는 것이 좋다.

가장 큰 지출은 1차 기형아 검사로 100만 원이 '순삭(순간 삭제)'됐다. 임신 12주 무렵에 실시하는 태아 목덜미 투명대 검사가 발단이었다. 이 검사는 태아 목덜미 부위에 투명하게 보이는 피하 두께를 측정하는 것으로 1차 기형아 검사라고도 부른다. 두께가 두꺼울수록 염색체에 이상이 있을 가능성이 높은데, 이 경우 융모막 융모 검사 또는 양수 검사를 권유받는다.

내가 다니던 병원은 2.5㎜ 이하를 정상으로 보는데 내 경우 2.82 ㎜로 다소 두꺼운 편이라고 했다. 의사는 양수 검사보다 상대적으로 안전한 융모막 융모 검사를 추천했다. 융모막 융모 검사 비용은 100 만~120만 원이다. 보험 적용이 안 되고 유산 확률도 0.1~0.3%라고 했다. 비용도 비용이지만 유산 확률 때문에 망설여졌다.

두 번째 임신이니 어떤 일도 담담하게 넘길 수 있을 줄 알았는데, 아기에게 이상이 있을 수도 있다는 말에는 별 수 없었다. 온라인 카페를 수시로 들락거리고 여러 지인에게 조언을 구했다. 대학병원은 3 ㎜를 기준으로 삼는 곳이 많은데 내가 다니던 병원이 보수적으로 기준을 잡고 있다는 얘기가 많았다. 기준이 낮을수록 병원은 손해 볼게 없기 때문이다.

한 번 더 확인하기 위해 서울 강남의 다른 병원을 찾았다. 2.4㎜ 가 나왔다. 이전 결과보다는 나은 수치였다. 이 병원 의사는 비침습 산전 기형아 검사(NIPT)를 권유했다. 세계적으로 3㎜를 기준으로 삼는 추세이긴 하지만, 이전 병원에서 검사한 결과(2.82㎜)는 변함이 없는 데다 찝찝하니 확인하는 게 좋지 않겠냐는 것이다. NIPT는 기형아 발생 확률이 높은 염색체 몇 개를 선별해 검사하는 것으로, 간단한 채혈을 통해 기형·다운증후군 등의 유무를 검사할 수 있다. 다운증후군 검출률이 98~99%에 달하고 유산 위험도 없다고 했다. 검사 비용은 약 66만 원이다.

융모막 융모 검사보다 안전하다는 설명에 곧장 NIPT를 했다. 결과는 정상이었다. 66만 원의 비용을 치르고 불확실성을 제거한 셈이다. 의사에게 환자는 을이라지만 임신부는 갑을병정의 정쯤 될 것 같다. 태아의 건강과 직결된 일이기 때문이다. 나는 내과 의사 권유로 약 30만 원 상당의 검사를 추가로 더 했는데 역시 모두 정상으로 나왔다. 일주일 만에 100만 원이 넘는 돈을 쓴 나는 임신부 호갱임을 인증한 꼴이 됐다.

하지만 여기서 끝이 아니었다. 이후에도 나는 끊임없이 양수 검사를 권유받았다. NIPT가 100% 정확하지 않다는 이유에서다. 유산 위험을 감수하고 양수 검사를 받았을 때 달라지는 점이 무엇이냐고 의사에게 물었다. 의사는 달라지는 것은 없고, 치료도 불가능하다고 했다. 다만 염색체 이상 유무를 확인하는 것뿐이라는 것이다. 결국 나는 양수 검사를 하지 않았고 건강한 사내아이를 출산했다.

흔히 임신부의 나이가 많거나 과거 염색체 이상이 있는 아기를 분만한 경험이 있는 경우, 혹은 기형아 검사 결과가 애매한 경우 양수 검사를 권유받는다. 임신부는 의사의 이야기를 듣는 순간부터 결정하기까지 엄청난 스트레스를 받으며 고민 또 고민한다. 밤낮으로 온라인 커뮤니티를 뒤지기도 하고 출산 경험이 있는 사람이라면 누구라도 붙잡고 물어본다. 양수 검사가 얼마나 아픈지, 비용은 얼마나 드는지, 주변에 유산한 사람을 본 적은 있는지, 만약 안 좋은 결과가 나왔을 때 어떻게 해야 하는지 등을 말이다. 배에 가늘고 긴 바늘을 찔러 양수를 뽑아내는 데에는 5분밖에 걸리지 않지만 검사 여부를 결정하기까지의 시간은 영겁처럼 느껴진다.

양수 검사를 꼭 받아야 한다거나 절대 받을 필요가 없다고 말할 수는 없다. 임신부마다 상황이 다 다르기 때문이다. 다만, 선택이 어렵다면 나처럼 다른 병원에 가서 진료를 받아보는 것도 방법이다. 여러 전문가들의 의견을 들어보면 결정하는 데 조금이나마 도움이 된다.

경제적으로는 양수 검사와 초음파 검사, 각종 기형아 검사 등에 대해 보험금 청구가 가능한지 회사 단체보험을 확인해 보는 게 도움이 된다. 대개 개인 실비보험은 임신·출산 관련 비용을 보상하지 않지만 단체보험은 임신·출산에 대해서도 보험금 청구가 가능한 경우가 많다. 다만 외래·통원 치료에 대해서도 청구가 가능한지, 입원 치료에 대해서만 청구가 가능한지는 확인해 봐야 한다.

분만대에 오르니 생각이 났다.

아, 이렇게 아픈 거였지.

잊고 있었다. 아기를 낳는 게 이토록 아프고 고통스럽다는 것을. 분만대 난간을 잡고 바들바들 떨기를 4시간째, "응애 응애" 아기는 울음으로 무사히 세상에 나왔음을 알렸다. 4.26㎏의 건강한 사내아이였다. 임신한 지 38주 6일째, 그렇게 둘째를 만났다.

의사는 아기가 크다며 일찍 유도 분만하자고 했다. 첫째를 3.91㎏에 자연 분만해 자신 있었지만 의사가 권유하니 알겠다고 했다. 하루 전날 오후 4시에 입원해 마지막이 될지 모르는 커피를 마시고 수액을 맞았다. 초음파 검사도 했다. 담당자는 아기 몸무게가 3.8~3.9㎏ 정도로 많이 크지 않을 것이라고 했다. 촉진제는 다음 날 새벽 5시에 맞기로 했다.

오지 않는 잠을 청했다. 아기를 만난다는 기쁨도 잠시, 출산의 고통에 대한 두려움이 엄습했다. 무통 주사를 맞을 거냐고 간호사가 물었다. 맞지 않겠다고 했다. 첫째 때도 안 맞았다. '견딜 수만 있다면 무통 주사를 맞지 않는 게 산모와 아기에게 좋다'는, 산부인과 의사

아들이라는 지인의 말이 뇌리를 스쳤기 때문이다.

입원 당일 오후 10시 30분께 갑자기 이슬이 비쳤다. 드문드문 진통이 있었는데 간호사는 두고 보자고 했다. 자정에 '임신부 3대 굴욕(관장, 제모, 회음부 절개)' 중 하나인 관장을 하고 다시 누웠다. 새벽 2시 30분께 아랫배가 싸한 느낌이 들어 깼다. 진짜 진통이었다. '진통 주기' 앱을 켜고 진통 주기를 측정했다. 진통 간격이 짧아지고 강도가 세졌다. 촉진제를 맞기 전에 다행히 자연 진통이 왔다.

간호사는 자궁문이 3cm 열렸다고 했다. 본격적인 진통이 시작된 것이다. 아랫배가 뜨겁고 싸해 움직이긴커녕 숨도 못 쉴 지경이었다. 그래도 이 정도는 참을 만했다. 출산 전 한 시간 진통에 비하면 그렇다. 진통이 없을 때는 졸렸다. 첫째 때도 그랬다. 빨리 출산하고 자고 싶은 생각이 간절했다.

진통 3시간에 접어들자 다른 차원의 고통이 찾아왔다. 몸 전체가 자궁이 되어 수축과 이완을 반복했다. 수축될 때는 분만대 난간을 잡고 바들바들 떨며 이를 악무는 것 외에 할 수 있는 게 없었다. 이완될 때는 호흡을 가다듬으며 다음 진통이 오지 않길, 혹은 빨리 지나가길 바랐다. 신랑은 그런 나를 안쓰럽게 쳐다보며 거즈 수건에 물을 묻혀 입술을 축여주었다.

아기는 함께 가졌는데 이 고통에서 왜 나는 혼자일까, 외로움이 밀려왔다.

무통 주사를 맞지 않은 까닭에 갈수록 강도가 높아지는 고통을 감내해야 했다. 아기가 신호를 보내면 온몸으로 고통을 함께 느끼며 전율하다 진통이 가시면 쉬기를 반복했다. '무통 천국'을 경험하지 못했지만 애초에 맛본 적이 없었기에 그래도 견딜 만했다. 아기와 온몸으로 교감하는 기쁨으로 고통을 참아냈다.

경산은 출산 과정이 초산에 비해 빠르다. 의사 지시에 따라 배에 힘을 주니 한 번 만에 아기가 나왔다. 진통이 시작된 지 4시간 만에 자연 분만에 성공한 것이다. 하지만 경산이라고 해서 결코 아기가 쉽게 나왔다고 말할 수는 없다. 아기가 커서 그런지 첫째 때보다 진통 과정은 더 아팠다.

가족 분만장에 함께 있던 신랑이 탯줄을 자르고 간호사와 함께 아기 상태를 점검했다. 손가락과 발가락은 모두 10개인지, 항문은 제대로 뚫려 있는지 등이다. 이 과정이 끝나면 아기를 산모 가슴 위에 올려준다. 꼬물거리는 작은 생명체를 보며 인간의 위대함을 느끼려는 찰나, 간호사는 아기를 데리고 신생아실로 가버렸다.

병원에서 나와 조리원에 가면 산모들이 저마다 자신의 상처를 훈장처럼 자랑한다. 한 산모는 실핏줄이 터진 자신의 눈을 가리키며 얼마나 아기를 낳는 과정이 힘들었는지, 다른 산모는 자신의 배를 보여주며 제왕절개가 얼마나 아픈지 얘기한다. 참전 용사는 저리 가라다. 만삭 때 인터넷에 떠도는 출산 후기를 섭렵하며 두려움에 잠 못 자던 임신부는 이제 없다. 그럼에도 출산을 앞둔 임신부를 위해 다양한 출산 과정 중 자연분만 과정은 이렇노라는 기록을 남긴다.

❖ 큰아이, 너도 아직은 아기인데…

"엄마, 안아줘."

둘째가 태어난 뒤, 당시 네 살이던 첫째가 가장 많이 했던 말이다. 동생이 생기자 부쩍 안아달라는 말을 많이 했다. 소파에 앉아 있다가도, 밥을 먹다가도, 잠자기 전에도, 시도 때도 없이 안아달라고 했다. 처음에는 동생한테 관심을 뺏긴 게 서운해 그런가 보다 싶어 안아줬지만 하루에도 수십 번씩 안아달라고 하니 매번 요구를 들어줄 수가 없었다.

새 어린이집 적응 기간에는 "엄마와 도로 집에 가겠다"고 떼를 쓰거나 칫솔질 등 혼자 할 수 있는 일들을 모두 내게 해달라고 했다. 아빠나 외할머니가 해주겠다고 하면 "엄마가 해줘"를 외치며 울음을 그치지 않았다. 둘째를 겨우 재워 눕히려는 찰나, 큰아이가 옆에 와 안아달라며 큰 소리로 울면 정말 화가 났다. 혼자 할 수 있는데 왜 자꾸 안아달라고 하느냐며 혼을 냈다가도 이내 미안해져 안아주기를 반복했다.

매일 마주치는 어린이집 선생님에게 어떻게 하는 게 좋은지 물었다. "교과서적으로는 첫째가 안아달라고 하면 둘째를 잠깐 옆에 내려놓고 첫째를 안아주는 게 좋아요. 상황이 여의치 않으면 큰아이에게 엄마 옆에 앉아 있거나 등에 업혀 있으라는 등 대안을 제시해 주는 게 좋고요. 큰아이의 감정이 다치지 않게 해줘야 해요."

수유 중이라는 이유로 첫째에게 방에서 나가 거실에서 기다리라고 했던 지난날이 머릿속을 스쳐 지나갔다. 쓸쓸히 문을 닫고 나가는 아이의 뒷모습이 안쓰러웠지만, 겨우 재운 둘째가 깨면 내가 너무 힘드니까 못 본 척했다.

돌이켜보니 나는 둘째를 낳고부터 늘 작은아이를 안고 있었다. 스스로 앉지 못한다는 이유로, 걸을 수 없다는 이유로, 수유를 해야 하거나 재워야 한다는 이유로 매번 품에 안고 있었다. 그때마다 첫째는 내 주변을 빙빙 돌며 서성거렸고 가끔은 알 수 없는 엄마의 짜증을 견뎌야 했다. 동생은 만날 안아주면서 본인은 안아달라고 졸라도 안아주지 않으니 서글플 것도 같았다.

"너는 특별한 아이야."

아동복지학을 전공한 지인은 남매 중 누굴 더 사랑한다고 말하기보다 한 명 한 명 엄마에게 특별한 존재라고 말해주라고 했다. '엄마를 내다 버릴 테야' 등 동화책을 함께 읽으며 아이의 마음에 공감하고 동생의 존재를 받아들일 수 있도록 하는 것도 좋다고 했다.

전문가들은 두 아이의 낮잠 시간을 엇갈리게 해 큰아이가 엄마와 단둘이 있을 수 있는 시간을 갖고, 각자 잘하는 분야를 칭찬해 주라고 조언한다. 사소한 일로 두 아이가 다툴 때 엄마가 끼어들어 큰아이에게 양보를 강요하는 일은 피해야 한다. 동생에게 빼앗긴 사랑은 아빠가 놀아주며 채워주는 게 좋다.

하루는 모처럼 큰아이를 어린이집에서 일찍 데리고 와 단둘이 벚꽃 축제에 갔다. 벚꽃이 지기 전에 엄마와의 추억을 만들어주고 싶어서였다. 푸드 트럭에서 파는 핫도그를 사 먹고 공연도 봤다. 사진도 많이 찍었다. 왜 안아달라고 조를 때 진작 안아주지 못했나, 울고 떼 쓸 때 왜 나도 같이 화를 냈나 후회됐다. 이날만큼은 많이 안아줬다. 적어도 한 달에 한 번은 큰아이와 단란한 시간을 보내야겠다고 다짐하면서.

아이들 등원 준비로 분주한 평일 아침, 두 아이에게 양말을 주며 각자 신으라고 하고 나는 아이들 가방을 챙긴다. 잘하고 있나 돌아보니 혼자 양말을 다 신은 큰아들이 두 살 아래 동생의 양말을 신겨주고 있다. 작은아이는 거실에 드러누워 발만 들고 있고, 큰아이는 그 발에 양말을 씌워주느라 낑낑거리는데 그 모습이 어찌나 예쁜지 나는 아이들을 도와주기는커녕 휴대폰을 켜고 사진을 연신 찍는다.

일하며 아이 둘을 키운다는 게 쉬운 일은 아니지만 아이가 둘이라 행복한 순간이 많다. 하루에도 열두 번 넘게 싸우고 소리 지르는 아이들이지만 뒤돌아서면 잊어버리고 서로를 챙겨주고 안아주는 모습이 참 예쁘다. 위험한 도로에 나가면 안 된다고 동생을 막아 세울 때, 놀이터에서 놀다 넘어지면 손 내밀어 서로를 일으켜줄 때, 서로 칫솔에 치약을 짜주거나 신발이나 양말을 신겨줄 때, 지켜보는 내마음 한구석이 따뜻해진다. 동생에겐 형이, 형에겐 동생이 있어서 참 다행이다.

이제 겨우 아이를 낳아 걷고 뛸 정도로 키워놓은 지인들이 종종내게 묻는다. 둘째를 낳아도 되겠느냐고. 일하면서 아이 하나 제대로 키우기도 어려운데 둘을 키우는 게 가능할지 막막해서 묻는 질문일 테다. 매일 쪽잠 자느라 자도 자도 졸리고 힘든 신생아의 엄마로 다시 살기가 두렵겠지만 나는 하나보다는 둘이 훨씬 행복하다고 말한다. 현실적으로도 일정 기간을 제외하고는 둘일 때 육아가 더 쉬웠다.

외동은 아이가 중학생이 돼서도 엄마가 놀아줘야 한다는 얘기를 들은 적이 있다. 둘째가 태어나기 전까지 나 역시 그랬다. 놀이터든 키즈카페든 어디를 가더라도 큰아이는 내 손을 붙잡고 다니며 계속 놀아달라고 했다. 작은아이가 태어나고 걷고 뛸 무렵이 되자 상황이 달라졌다. 둘이 놀기 시작했다. 작은아이가 네 살이 되면 둘이 알아서 잘 놀아 옆에서 부모가 책을 볼 수 있다는 선배의 말이 피부에 와닿았다. 내 경우 독서 대신 대개 설거지나 밀린 청소를 하지만 그것만으로도 감개무량하다. 피아노를 배우는 큰아이가 작은아이에게 피아노 치는 법과 음계를 알려 줄 때면 감동이 더해진다. 역시 둘이라서 다행이다.

실질적인 혜택도 꽤 있다. 자녀가 둘이면 어린이집 입소 대기 순번이 올라간다든지, 유치원 버스를 이용할 경우 차량비를 반값으로 할인해 준다든지, 다둥이카드로 공영주차장 이용 요금이 할인된다든지 하는 것들 말이다. 장난감, 옷, 교구, 책 등을 물려받아 쓸 수 있다는 것도 가계에 상당히 보탬이 된다. 큰아이를 키우며 겪었던 시행착오를 교훈 삼아 잘못을 반복하지 않고 큰아이의 마음을 다시 헤아려 볼 수 있는 점도 좋다. 주변에 조력자가 있어 일하며 아이를 키울 여건이 된다면 둘째를 낳는 것을 조심스레 추천해본다. 단언컨대 아이 하나보다는 둘이 주는 기쁨이 더 크다.

4
아이를 낳기 전엔 미처 알지 못했던 것들

❖ 건조기, 식세기, 로봇청소기는 '신의 선물'

퇴근 후 한바탕 아이들과 전쟁을 치르고 나면 집안일을 하기는커녕 아이들과 같이 잠들어 버리는 게 일상이다. 그러다 가끔 내일 입을 옷이 없다는 생각이 들 때면 자다 말고 일어나 세탁기에 빨래를 넣고 돌리곤 한다. 하지만 건조가 문제다. 드럼세탁기에서 빨래를 말리면 5~6시간이나 걸리는 데다 빨래가 많은 날은 잘 마르지도 않는다. 그렇다고 빨래가 다 될 때까지 기다리는 건 너무 힘들고 귀찮다. 청결하지 않은 베란다에서 빨래를 말리는 게 옳은 일인지도 모르겠고, 낮에는 늘 회사에 있기 때문에 햇빛 쨍한 날 빨래를 말리며 상쾌한 느낌을 가져본 적도 없다.

설거지는 또 어떤가. 집에서 요리를 많이 하지 않는다고 해서 설거지거리가 없는 건 아니다. 아침마다 싱크대에 잔뜩 쌓인 그릇들을

59

보며 출근하려면 영 찜찜하다. 가끔은 물 마실 컵조차 없는 날도 있다. 대개 일주일 동안 방치했다가 금요일 저녁께 남편이 마음잡고 설거지를 한다. 한 시간은 기본, 많으면 두 시간까지 걸린다. 일하랴 육아하랴 힘든 와중에 설거지를 하려면 촉매제가 필요하다. 남편은 설거지하기 전 마음을 가다듬고 맥주를 한 캔 딴다.

청소도 마찬가지다. 씻지도 못하고 잠드는 일상을 반복하다 보면 쌓여 가는 먼지를 보면서도 청소는 엄두조차 내지 못한다. 그러다 어느새 '집이 너무 깨끗하면 아이들 면역력이 떨어진다'는 우스갯소리로 스스로를 합리화하고 만다. 집을 안 치우니 청소기를 돌릴 수 없고 그래서 집이 더 더러워지는 악순환이 반복된다. 아이들한테 "더러우니 만지지 말라"거나 "그 방엔 들어가지 말라"는 말을 할 때면 미안한 마음뿐이다. 가끔 날 잡아 깨끗하게 치우고 닦으면 10년 묵은 체증이 내려간다. 빨래, 설거지, 청소는 맞벌이 부부에게 너무 가혹한 숙제다.

이 때문인지 워킹맘들 사이에서 '의류건조기·식기세척기·로봇청소기'는 맞벌이 부부의 필수 가전으로 통한다. 이 세 가지 가전제품은 새롭게(新) 등장한 필수 가전이자 신(神)의 선물과 같은 가전이라는 의미로 '삼신가전'으로 불리기도 한다.

삼신가전을 사용하면서 우리 가족 역시 삶의 질이 달라졌다. 저녁에 세탁기를 돌리면 기다렸다 빨래를 널어야 하기에 세탁 자체를 미루는 경우가 많았는데, 건조기를 쓰면서 세탁하는 데 부담이 없어졌다. 식기세척기를 사용하고부터는 한 사람이 홀로 싱크대 앞에 서서 오랜 시간 설거지하는 풍경이 사라졌다. 아이들 장난감이 많은 탓에 로봇청소기를 들이지는 못했지만, 대신 물걸레 기능까지 있는 무선청소기를 들였다. 청소가 편해지니 집이 깨끗해졌다.

우리 부부는 삼신가전 덕분에 가사노동에서 해방됐다. 이제는 그 시간에 와인을 마시며 영화를 본다. 사람들의 왜 그렇게 삼신가전을 찬양하는지, 내가 워킹맘이 돼보기 전엔 미처 알지 못했다.

❖ 아이가 어리다면 평일에 이사를

2019년 가을, 결혼 후 처음으로 집을 옮겼다. 전세 만기가 1년 남았지만 그해 여름 이사를 결심했다. 친정과 조금이라도 더 가까워지기 위해서다. 차로 5분 거리에 살았지만 하루에도 서너 번 왔다 갔다 하는 게 생각보다 고됐다. 이사를 하면서 겪은 좌충우돌 경험담과 이사하면서 알게 된 알짜 정보들을 공유한다.

이사를 결심하고 가장 먼저 한 일은 임대인에게 연락하는 것이다. 임대인에게 새로운 임차인을 구해야 한다는 사실을 알리고, 이사 일정 등을 상의해야 한다. 이때 중개 보수를 누가 부담할 것인지 확인하는 것도 중요하다. 원칙적으로는 새로운 임차인을 구하기 위해 공인중개사에게 중개를 의뢰하는 경우 임대인이 중개 보수를 내야 한다. 그러나 관행적으로 계약기간 만료 전에는 임차인이 중개 보수를 부담하곤 한다.

임대차계약 만료 후 암묵적으로 계약을 연장하기로 한 '묵시적 갱신'을 한 경우에도 임차인은 언제든지 계약을 해지할 수 있다. 3개월 전에만 임대인에게 얘기하면 된다. 중개 보수는 임대인이 부담해야 한다. 다만 임대차계약 만료 전에 이사를 나가는 경우라면 중개 보수에 대해 임대인과 협의가 필요하다. 계약기간 도중 임차인이 이사 간다고 해서 임차인이 중개 보수를 부담할 법적 의무는 없다. 그러나 임대인 역시 기간 종료 시까지 보증금을 돌려줄 의무가 없다. 기간 중 계약을 해지하고 보증금을 돌려받으려면 결국 임대인과 협의를 해야 하고, 그러다 보니 관행상 임차인이 중개 보수를 부담해온 것이다. 나도 중개 보수를 부담했다.

중개 보수 문제가 해결됐다면 이사 갈 곳을 정해야 한다. 네이버나 직방 등을 통해 온라인으로 시세를 확인하고, 동네 부동산 중개사무소를 방문해 매물을 보고 마음에 드는 곳을 고르면 된다. 보유 자산, 학군, 생활 환경, 교통 등 여러 요소들을 고려해야겠지만 나는 이사 갈 곳이 정해져 있어 집 상태를 우선적으로 봤다. 아이들이 어려 창틀이나 벽 등에 곰팡이가 없는 집이라야 했다. 두 번째 본 집이 마음에 들어 바로 가계약금을 보냈다.

대출이 필요한 가정이라면 이사 갈 곳을 정하기 전에 은행을 방문해 필요한 자금이 대출되는지 확인해 보는 게 좋다. 계약을 맺은 후 자금 조달이 안 되면 수천만 원의 계약금을 잃을 수 있기 때문이다.

계약서를 작성하기 전에는 등기부등본을 떼어 보고 근저당권이 설정된 것은 없는지 확인해 볼 필요가 있다. 특약사항도 꼼꼼히 살피고 계약서에 인감도장을 찍거나 서명하면 된다. 계약서 문구를 수정할 경우 성정할 내용을 기재한 후 양쪽이 정정 날인을 해야 한다.

계약서 작성이 끝나면 계약서에 확정일자를 받고 계약금을 마련해야 한다. 대부분의 경우 목돈이 현재 거주하는 집에 묶여 있기 때문에 계약금 마련이 쉽지 않다. 모아놓은 돈이 있다면 그 돈을 활용하면 되고, 없다면 보험계약대출, 청약적금대출 등 단기로 돈을 융통할 수 있는 방법을 찾아보면 된다. 전세의 경우 임대인에 따라 새로 들어올 임차인에게 받은 계약금을 나갈 임차인에게 돌려주는 경우도 있으니 확인해 보는 것도 좋다.

이사 날짜를 선택할 수 있는 경우라면 평일을 추천한다. 아이가 있는 집의 경우 아이들을 어린이집이나 유치원에 맡기고 이사해야 아이 돌보미를 따로 구하지 않아도 돼 수월하다. 이사 날짜가 정해졌다면 포장이사를 할지, 반포장이사를 할지 등을 결정해 이사업체를 결정해야 한다. 두세 군데 견적을 받아본 후 가격과 서비스 등을 고

려해 계약하면 된다. 가구나 가전제품 등 버릴 물건이 있다면 지방자
치단체 홈페이지를 통해 수거 신청을 미리 해두고 이사 당일 내놓으
면 편리하다.

이사 일주일 전에는 각종 통장과 신용카드 주소를 변경하고, 우
체국에 주소 이전 신고를 해야 한다. 가스, 수도, 전기 등 공과금 납
부를 위한 전입·전출 신청을 하고 신문과 우유 등의 배달 중지를 요
청해야 한다. 큰돈이 오가기 때문에 은행에서 하루 이체한도를 늘려
놓아야 한다. 가전제품이나 가구 등의 사진은 이사 전 찍어두는 것이
좋다. 귀중품은 미리 챙겨두고 이사 당일에는 전기, 가스, 수도를 점
검해 요금을 납부하고 놓고 가는 물건이 없는지 잘 챙긴다.

새로 구입한 가구나 가전제품이 있다면 이사 당일 한꺼번에 받
을 수 있도록 조정하면 좋지만, 에어컨만큼은 이사가 끝나갈 무렵이
나 다음 날에 설치하는 걸 추천한다. 이사가 완료됐다면 온라인이나
주민센터 방문을 통해 전입신고를 하면 된다.

✤ 공간이 아이에게 미치는 영향

이사한 지 한 달 반이 지나자 옷 방을 제외하곤 그럭저럭 정리가
돼 불시에 누가 집에 와도 괜찮을 정도가 됐다. 거실을 장식하고 있

는 소파, 커튼, 매트, 식탁, 의자, 조명 등은 남편의 취향대로 고른 것들이었다. 주황색 빛이 나는 따스한 조명이 은은하게 집을 비추고, 거실을 한가득 메운 크리스마스트리가 반짝반짝 빛을 내면 온 세상 행복이 이곳에 있는 것 같은 착각이 들었다.

아이들은 새 집을 좋아했다. 집이 조금 넓어졌고, 놀이방도 생겼기 때문이다. 자신만의 공간이 생겼다는 즐거움 때문인지 첫째는 할머니 집에서도 '우리집에 가고 싶다'는 말을 연발했다. 덩달아 둘째까지 '우리집, 우리집'을 외쳐대니 집에 안 갈 수가 없었다. 공간이 넓어지니 요리할 맛도 나고 집안 정리도 즐거웠다. 꼭 밥이 아니더라도 가족들은 식탁에 둘러앉아 음식을 먹고, 일주일에 한 번은 아이들을 재우고 남편과 와인을 마시게 됐다. 남편은 가끔 늦은 밤 거실에서 은은한 조명 아래 위스키 한 잔을 홀짝이거나 책을 본다. 공간이 우리 가족의 일상을 바꾼 것이다.

사실 나는 이전에 살던 집이 좋으면서도 싫었다. 신혼부부가 살기에는 아늑한 집이었지만 아이를 갖고, 낳고, 기르며 짐이 몇 배로 늘자 집이 포화상태가 됐다. 어떤 방은 옷에 책상에 운동기구까지 들어차 치울 엄두도 나지 않았다. 정리가 안 되니 방에 들어가기 싫고, 안 들어가니 치우지 않는 악순환이 반복됐다. 급기야 방문을 닫아놓고 아이들을 출입 금지시켰다. 신혼집을 구할 때, 들어가는 집마다 짐이 넘쳐나기에 '저런 집에서 어떻게 살지' 하고 생각했었는데 우리

집이 그 꼴이었다. 이사를 오니 비로소 숨이 트였다.

공간이 사람에게 미치는 영향은 지대하다. 생활 습관부터 사고방식까지 바꾼다. 어떤 공간에 사느냐에 따라 사람들의 생활과 사고가 달라진다는 점을 조명한 다큐멘터리 프로그램도 있었다. 무엇이 옳고 그르다고 말할 수는 없지만 공간이 인간에게 미치는 영향이 지대하다는 점만은 분명해 보였다. 누군가는 햇살이 비치는 테이블에 앉아 책을 보며 커피 마시는 시간을 가장 좋아하고, 누군가는 자신이 좋아하는 사진 작업을 하는 작업실에서 하루 종일 시간을 보냈는데 이들은 공통적으로 집을 아지트처럼 쓰고 있었다.

집이 말끔해지자 우리집에 아이 친구네 가족을 초대하는 일이 늘었다. 아이도, 어른도 친구가 필요해서다. 아랫집 가족을 초대하던 날, 아이에게 얘기했더니 "우리집 근사해서 친구들이 놀랄 걸"이라고 말했다. 거실을 직접 꾸민 남편은 "언젠가 아이가 자라 이 집의 따스한 분위기를 기억해 줬으면 좋겠다"고 했다. 예단하긴 이르지만 절반은 성공한 것 같다.

✣ 보석처럼 빛나는 아이의 말

"똥이 미끄럼틀 타네."

변기에 앉아 배변 훈련을 하던, 당시 다섯 살 된 큰아이가 물을 내리자 변기 속으로 사라지는 대변을 보고 미끄럼틀 탄다고 했다. 그 표현이 어찌나 신선하고 재미있는지 머리를 한 대 맞은 기분이었다.

아이들은 언제나 부모가 상상조차 하지 못했던 말들을 한다. 어느 날 뉴스에서 탈모에 관한 이야기가 나오자 큰아이가 "탈모? 털이 탈출하는 것?"이라고 재치 있게 표현해 집안을 웃음바다로 만든 적이 있다. 구름을 보고는 "하늘의 머리카락"이라고 하고, 의자에서 나는 삐거덕 소리를 듣고는 "의자가 노래를 부른다"고 한다. "눈을 뜨면 우리집만 보이는데 눈을 감으면 전 세계가 다 보여"라고 말해 나를 놀라게 한 적도 있다. 상상이라는 단어를 어떻게 이렇게 아름답고 시적으로 표현할 수 있는지, 감탄이 절로 나왔다. 빠진 유치를 내게 건네주며 "내 작은 화석이야"라고 말했을 땐 나도 모르게 울컥, 눈물이 나왔다.

한 때 큰아이는 "편의점 주인"이 꿈이었던 적이 있다. 이유를 물으니 "사람들이 자꾸 와서 돈을 주고 가잖아"라고 대답했다. 내 그림자를 밟으며 "엄마, 안 아파?" 묻는 작은아이의 말에는 나도 모르게 웃음이 났다. 작은아이는 "엄마, 나 계속 사랑해줘"라고 말하곤 한다. 어른이라면 하고 싶어도 쉽게 내뱉지 못할 말을 아이들은 조금도 망설이지 않고 솔직하게 서슴없이 한다.

세상 모든 것에 관심을 기울이고 그것을 자신만의 방식으로 표현해내는 아이의 말들은 나를 기쁘게도, 슬프게도 한다. 언젠가 똥은 그저 정화조로 흘러갈 뿐이고 삐거덕대는 의자는 낡은 것일 뿐이라는 사실을 알게 된다면 이렇게 보석처럼 빛나는 말을 다신 하지 않을 것이기 때문이다.

"막 말을 배우는 아이의 말을 적어놔. 좋은 글감이 되거든."

신문사를 은퇴한 선배가 지나가면서 해준 이야기를 들은 뒤부터 아이들의 말을 적기 시작했다. 아이의 주옥같은 말을 들을 때마다 머리를 한 대 맞은 것 같은 충격과 신선함에 헤어 나오지 못할 때가 많았다. 다른 부모들에게도 아이들의 놀라운 말들을 기록으로 남겨보라고 권하고 싶다. 1년, 2년 시간이 지나다 보면 한 권의 시가 되고 책이 될 것이다.

5

아이들은 몸보다 마음이 더 빨리 자란다

❖ 훈육과 폭력 사이

"아이가 집에서 많이 혼나나요?"

어린이집 선생님이 내게 물었다. 실수로 친구를 밀친 아이가 지켜보던 선생님에게 대뜸 "죄송합니다"라고 했다는 것이다. 친구에게 사과하기보다 어른에게 혼날까 봐 잘못했다고 말하는 게 또래 아이 같지 않았다고 했다. 큰아이가 네 살 때의 일이다.

나도 같은 일을 겪은 적이 있었다. 아이가 아침에 옷을 안 입고 돌아다녀 "빨리 옷 입고 어린이집에 가야 한다"고 했더니 갑자기 울면서 내게 "엄마 죄송합니다"라고 말했다. 죄송하다고 말할 정도로 잘못한 일은 아니라고 말하면서도 이상한 생각이 들었다. '크게 잘못한 일도 아닌데 왜 나한테 잘못했다고 하는 걸까', '혹시 어린이집에서 많이 혼난 건 아닐까', 나도 선생님과 비슷한 생각을 했다.

우리집에서는 훈육을 아빠가 도맡아서 한다. 그래봐야 아이가 잘 못한 일이 있으면 방으로 데리고 가 잘못한 일을 알려 주고 사과를 하게 하는 정도다. 훈육하고 나면 아이를 꼭 안아준다. 텔레비전 육아 프로그램에 나온 훈육 방식을 따라한 것이다. 아빠랑 방에 들어가면 더 이상 생떼를 부리지 않고 금세 안정을 취하니 훈육 방식에 대해 문제의식을 느낀 적은 없었다. 다만 아빠가 엄하게 아이 이름을 부르는 것만으로도 무섭게 느껴져 가급적 훈육을 자제하자고 얘기한 적은 있다.

그러다 '사랑해서 때린다는 말'이라는 책을 읽으며 훈육과 폭력에 대해 다시 생각하게 됐다. 책에는 어른들이 아이에게 흔히 "네가 자꾸 이런 식으로 하면 나는 널 때릴 수밖에 없어. 하지만 지금 너를 때리지 않고 참고 있는 거야"라고 말하며 체벌을 유예함으로써 공포를 조성해 훈육한다고 쓰여 있었다. 아이들은 단지 물리적으로 매를 맞지 않았을 뿐 체벌의 가능성 속에 놓여 있어 무서움에 떤다는 것이다.

한 심리학과 교수는 아이가 살면서 목표를 이루지 못해도 감정적으로 무너지지 않고 전진할 수 있도록 '건강한 마음'을 길러주는 게 중요하다며 부모의 역할을 강조했다. 아이가 태어나 처음으로 사회적 관계를 맺는 사람이 부모이기 때문이다. 그는 아이가 감정적 위기를 겪을 때 스스로 자신의 정서를 이해하고 문제 상황에서 벗어날 수 있도록 부모가 도와줘야 한다고 설명했다. 아이는 생후 24개월부터 정서 조절 능력이 생기며, 최소 생후 18개월이 지나야 부모가 하는 말을 알아듣고, 정서 발달 훈련을 할 수 있다. 정서 훈련을 위한 적기는 3~5세다.

아이 정서 발달을 위해서는 "네 기분을 표현해 보렴", "많이 속상했겠구나", "실컷 울어봐" 등의 말로 아이가 감정을 드러낼 수 있도록 한 후 충분히 위로해 주는 게 좋다. 문제 해결을 위한 대안은 마지막에 제시해도 늦지 않다. 가장 중요한 것은 부모가 자신의 감정을 많이 표현하는 것이다. 고맙다, 사랑한다는 표현은 물론이고 아이에게 크게 소리를 질렀을 때는 미안하다고 사과할 줄도 알아야 한다. 부모도 화가 나거나 긴장할 수 있다는 것을 표현하면 아이도 그런 감정을 자연스레 받아들일 수 있다.

한 번은 남편이 아이에게 상처주는 말 체크리스트를 가져다준 적이 있다. 어린이 권리를 옹호하는 국제구호개발 비정부기구(NGO) 세이브더칠드런이 2019년 창립 100주년을 맞아 서울 청계광장에서 개최한 '그리다, 100가지 말 상처' 그림전에서 나눠준 것이다. "울지 좀 마", "셋 셀 때까지 해", "그렇게 까불다가 다칠 줄 알았어", "한 번만 더 반찬 투정하면 밥 안 줄 거야" 등 내가 아이에게 종종 하는 말이 적혀 있어 섬뜩했다.

세이브더칠드런은 많은 사람들이 아이들을 때리는 것만이 하지 말아야 할 일이라고 생각하지만, 부모의 차가운 말이 오히려 아이의 마음을 더 멍들게 하고 피눈물 흘리게 한다고 말한다. 그럼 아이에게 상처 주는 말 대신 어떤 말을 해야 할까?

세이브더칠드런은 "난 너 하나 보고 살아"라는 말 대신 "너는 엄마(아빠)에게 정말 소중한 존재야"라고, "넌 우리집 기둥이다"라는 말 대신 "우리는 너를 사랑하고 응원한단다"라고 바꿔 말해 보자고 한다. "다 너 잘 되라고 그러는 거야"라는 말 대신 "이 말이 너에게 도움이 된다고 생각했어"라고 솔직하게 말해보라는 것이다. "너는 왜 맨날 흘리고 먹니"라며 아이를 탓하기보다는 "흘렸네, 닦아야겠다"고 말하고, "네가 하는 일이 다 그렇지 뭐"라고 비난하는 대신 "일이 잘 안돼서 속상하겠구나"라고 아이의 속상한 마음에 공감해 준다면 아이가 말로 상처받는 일은 줄어들 것이다.

❖ 엄마의 엄마 되기 공부, 아빠의 아빠 되기 공부

"밥 먹다 흘린 음식을 자꾸 식판으로 감춰요. 부끄럽다고요. 실

72

수하는 것을 두려워하는 것 같아요.”

첫째가 네 살 때였다. 새로 들어간 어린이집의 교사가 아이의 행동을 이같이 설명했다. 음식을 흘리는 것은 전혀 부끄러운 일이 아니라고, 다만 교사가 음식을 치울 수 있게 말해달라고 했지만 아이는 매번 흘린 음식을 식판으로 가리거나 바지 사이로 감춘다고 했다. “흘리지 말고 먹어야 해”라는 말을 입에 달고 살던 나는 가슴이 철렁했다. 내 한 마디가 아이의 행동에 엄청난 영향을 미치고 있는지 미처 알지 못했다.

첫째를 낳고 내게 주어진 9개월의 육아휴직 기간엔 육아와 관련된 책을 많이 읽었다. 주로 아이의 뇌는 어떻게 발달하는지, 아이와 어떻게 놀아줘야 하는지, 어떤 부모가 좋은 부모인지 등에 관한 책이었다. 월령별로 어떤 장난감이 필요한지 미리 알아봐 주문했고, 손수 이유식을 만들어 먹이며 정성으로 키웠다.

그러나 극성일 정도로 엄마 역할에 충실하던 나는 복직과 동시에 달라졌다. 이른 아침부터 회사에 나가 하루 종일 일을 하다 보니 육아 관련 책을 읽는 것은 꿈도 못 꿨다. 퇴근하고 집에 오면 저녁 8시가 넘는 까닭에 친정에 맡긴 아이를 데려와 밥 먹이고 씻기고 재우다 보면 어느새 자정이 됐다. 돌 전에는 아이 발달이 급격히 이뤄져 장난감을 자주 교체해 줘야 했지만 돌 이후에 그렇지 않았다. 그러다 보니 아이에게 무엇이 필요한지 알아보는 게 뜸해졌고 둘째를 임신

하고부터는 내 몸 하나 추스르기 힘들어 퇴근하면 거실에 널브러져 있기 일쑤였다.

아이가 음식을 탐색하고 스스로 먹도록 하는 게 좋다는 얘기는 익히 들어 알고 있었지만 막상 실천하기는 쉽지 않았다. 밥 먹다 말고 거실을 활보하는 아이가 행여나 음식을 소파에 묻힐까 노심초사하다 보니 아이에게 안 좋은 줄 알면서도 텔레비전을 틀어준 채 밥을 먹인 적도 많았다.

언제부턴가 나는 아이에게 "흘리지 말고 먹으라"는 말을 수없이 하고 있었지만 그 말의 부정적 영향에 대해서는 생각해 본 적이 없었다. 아이가 흘린 음식은 늘 내가 먼저 치워주었기에 사실 아이가 음식을 그릇으로 가리는 줄도 몰랐다. "부끄럽다"고 말하는 아이를 그저 귀엽게 생각했을 뿐, 아이가 실수를 두려워한다거나 혼날까 봐 움츠려 있다는 사실은 눈치채지 못했다.

그러고 보니 나는 "조심해", "떨어져", "위험해"라는 말도 습관적으로 하고 있었다. 엄마가 겁이 많은 탓이다. 아이에게 엄마는 거울과도 같아서 엄마가 무서워하는 것은 아이도 두려워한다는 사실을 알면서도 막상 위험한 상황에서는 조심하란 말이 불쑥 튀어나온다. 아이가 도전하고 성취할 수 있는 기회를 내가 방해하는 것은 아닐까, 넘어지고 실패하며 성장하는 기회를 놓치게 하는 것은 아닐까 반성하게 된다.

남편에게 그간 있었던 일을 이야기해 주자 본인도 "안 돼"라는 말을 줄이겠다고 했다. 아이가 뛰놀기에 위험하지 않은 환경을 만들어주고, 흘리고 쏟으며 자유롭게 먹을 수 있게 하겠단다. 둘째 밤잠을 재우려고 30분째 차를 타고 동네를 돌던 어느 늦은 밤, 첫째가 카시트 앞에 놓인 딸랑이 두 개를 발로 흔들어댔다. 남편은 안 된다는 말 대신 "조금만 조용히 흔들면 어떨까?"라고 했다.

부모는 그냥 되는 것이 아니다. 좋은 부모는 너더욱 그렇다. 아이에게 상처 주지 않고 잘 길러내기 위해서는 엄마의 '엄마 되기 공부', 아빠의 '아빠 되기 공부'가 필요하다.

✤ 아이들이 떼쓸 때, '5분 알람'의 힘

"5분 알람 맞출게. 5분 후에 집에 들어가는 거야."

우리집은 하루에도 수십 번 '5분 알람'을 맞춘다. 놀이터에서 놀다가 귀가할 시간이 다 됐을 때, 텔레비전을 끄고 양치해야 할 때, 놀다 말고 피아노 숙제를 해야 할 때 등 주로 아이들이 하던 일을 그만두고 하기 싫은 일을 해야 할 때 알람을 맞춘다. 아이에게 마음의 준비를 하라는 신호다. 아이에게 시계를 보여주거나 알람 맞춘 휴대폰 화면을 보여주며 5분이 지나면 하던 일을 멈춰야 한다고 설명한다.

알람이 울리면 놀랍게도 아이들은 하던 일을 멈춘다. 마음의 준비가 됐다는 뜻이다. 그리고 나와 약속한 다음 일을 한다.

예전에는 나 혼자 마음속으로 놀이 끝낼 시간을 정하고, 생각해 놓은 시간이 다 되면 집에 들어가자거나 씻자고 통보했다. 내가 계획한 시간에 아이의 의견은 없었다. 아이들은 여지없이 더 놀고 싶다고 울었고 그럴 때마다 아이와 실랑이를 벌여야 했다. 왜 지금 들어가서 씻고 숙제를 해야 하는지 설명해도 아이는 듣지 않았다. 아이들에겐 그저 지금 놀이를 중단하는 게 속상할 뿐이었다.

육아 서적에서 봤는지, 다큐멘터리 프로그램에서 봤는지, 그도 아니면 내 머릿속에서 나온 아이디어였는지는 기억나지 않는다. 아이들에게 왜 하던 놀이를 중단해야 하는지 먼저 설명하고, 마음의 준비를 할 시간을 주는 게 좋겠다고 생각했다. 아이들도 나름의 계획이 있을 수 있는데 부모가 일방적으로 일정을 강요하는 것은 옳지 못하다는 생각에서였다. 5분 알람은 그렇게 시작됐다.

알람은 의외로 효과적이었다. 고집불통인 작은아이마저도 알람 소리가 울리면 하던 일을 멈추고 약속을 지켰다. 엄마와의 약속에 자신도 동의했기 때문인 것 같다.

매번 5분일 필요는 없다. 놀이터에서 10분 더 놀고 싶다고 하면 알람을 10분으로 맞춘다. 부득이한 상황이 아니라면 아이의 의사를 충분히 반영한다. 아이가 원할 때는 알람 시간을 연장하기도 한다.

어른인 나조차 아침에 알람 소리를 듣고도 더 자고 싶은 마음이 굴뚝같은데, 어린아이에게 지나치게 엄격한 잣대를 들이대는 것은 과하다는 생각에서다. 그런데 의외로 스스로 시간 계획을 세우고 지키는 게 재밌는지 약속을 어기는 경우가 많지 않다.

집에서는 시계를 보며 놀이 시간을 정한다. 긴바늘이 정해진 숫자에 가면 아이들은 놀이를 정리한다. 아직 시계를 보기 어려운 어린아이에게는 정해진 숫자에 스티커를 붙여놓고 시곗바늘이 스티커를 붙인 곳에 도착하면 약속을 지키도록 하는 것도 방법이다. 아이들은 아직 시간 개념이 어려워 5분, 10분을 알람이나 스티커 등으로 체감할 수 있도록 해주는 게 좋다. 이 과정에서 시계 보는 방법을 터득하는 것은 덤이다.

❖ 화나도 참는 아이⋯ 다양한 표출 방법 알려 주기

"얼마 전 초등학생이 된 딸의 심리에 대해 전문가와 상담할 기회가 있었어요. 아이는 무슨 일이든 참는 경향이 있었는데 전문가도 똑같이 지적하더라고요. 아내가 상담을 마치고 엉엉 울며 전화를 걸어왔어요. 모든 게 자기 탓인 것 같다면서요."

지인과 점심을 먹다가 이 같은 얘기를 들었다. 맞벌이 부부인 그는 초등학교 저학년 딸을 키우고 있다. 말썽 없이 잘 자라는 딸은 가끔 원하는 것을 말하려다가, 혹은 화가 났다가도 스스로 참는 모습을 보였다고 했다. 부모도 인지하고 있었지만 달리 손쓰지 못했던 것을 전문가가 끄집어내니 엄마 마음이 많이 아팠나 보다. 그녀는 자신이 일을 하기 때문에 아이의 요구를 못 들어준 적이 많았고, 그러다 보니 아이 스스로 말을 꺼내기도 전에 참아버리는 게 늘 가슴 아팠다고 했다. 직장을 그만둬야 할지 고민하고 있다고 했다.

나도 같은 경험이 있다. 큰아이는 평상시 말을 잘 듣고 다른 아이들보다 떼를 쓰는 경우가 드물어 키우기 수월했지만 그만큼 늘 마음 한편이 서늘했다. 아이라면 소리 지르고 떼쓰는 게 당연하거늘 스스로 참고 억제하는 게 눈에 보였기 때문이다. 그러다 가끔 화가 나면 스스로 감당하지 못할 분노를 한꺼번에 분출하며 소리치곤 했다. 유아 심리 상담 전문가와 상담한 결과도 비슷했다.

"아이 스스로 무엇이 되고 무엇이 안 되는지 알고 있어요. 어떤 걸 하면 혼이 나고 어떤 것은 혼이 안 나는지 알고 있다는 얘기죠. 어린이집 등 시설에서 본인이나 친구들이 혼나는 걸 보고 겪으면서 학습된 것으로, 아이가 스스로 마음에 한계를 두고 참는 겁니다. 심각한 수준은 아니지만 부모가 마음의 한계를 풀어줘야 해요."

　　어떻게 하면 아이가 마음을 자유롭게 표현할 수 있는 환경을 만들어줄 수 있을까? 유아의 경우에는 "안 돼"라는 말을 가급적 하지 말라고 전문가는 조언했다. 그러기 위해서는 아이에게 그런 말을 할 필요가 없도록 아이가 지내는 공간을 안전하게 만들 필요가 있다. 또 화가 나는데도 참거나, 그마저도 참지 못해 분노의 소리를 지를 때는 공감하고 기다려준 후 그럴 땐 어떻게 표현하면 되는지 알려 주라고 했다. 무엇 때문에 화가 나는지, 화가 나서 마음이 어떤지, 부모가 어떻게 해주면 좋겠는지 등을 질문하면서 아이가 마음을 밖으로 표현할 수 있도록 도와주라는 것이다. 가장 중요한 것은 아이가 스스로 마음의 한계를 두고 참지 않도록 자유롭게 뭐든 할 수 있는 환경을 만들어주라는 것이었다. 놀이하기 전에 미리 규칙을 만들어주어 무엇이 가능하고 무엇이 불가능한지 사전에 알려 주는 것도 도움이 된다고 했다.

　　놀이터에서 아이들이 노는 것을 보면 화를 제대로 표현할 줄 모르는 아이들이 생각보다 많다. "○○를 때리고 싶어 죽겠다"는 얘기를 그 아이 앞에서 계속하기도 하고, 가끔은 상대방을 때리며 비뚤어진 표현방식을 보이기도 한다. 화를 삭이고 참으면서도 억울해 놀이터 기둥이나 바닥을 주먹으로 때리는 친구도 종종 봤다. 전문가들은 화도 하나의 중요한 감정으로, 나쁜 것이 아니라고 입을 모은다. 다만 화가 났으면 난 대로 이를 표출하고 공감 받고 위로 받는 과정이 필요하다.

"연고 먹으면 어떻게 돼?"

피부에 연고를 바르던 초등학생 아이가 엄마에게 묻는다. 엄마는 "많이 먹으면 죽을 수도 있지"라고 대답한다. 촉각은 물론 청각, 시각 등이 과민한 이 아이는 혀에 살짝 닿은 연고에 큰일이라도 난 듯 방에 침을 뱉고 방바닥을 구르며 몸을 주체하지 못한다. 이를 지켜본 육아 전문가는 "원래도 과민한 아이인데 옳고 그름을 정확하게 얘기하는 엄마가 더 부채질하는 상황"이라고 진단했다.

육아 관련 한 방송 프로그램에서 이 에피소드를 봤을 때, 예민한 큰아이가 떠올랐다. 큰아이는 유독 죽음, 질병을 두려워해 잠들기 전 무서움을 많이 탄다. 왜 그럴까 생각해 보니 평상시 아이 질문에 과하게 반응한 내 말들이 떠올랐다. 횡단보도를 건널 때 차를 조심하라고 하면 될 것을 노파심에 큰 트럭에 치이면 죽는다고 하거나, 낯선 곳에서는 부모 손을 꼭 잡고 다녀야 한다고 하면 될 것을 손을 안 잡고 다니면 영영 헤어지게 된다는 식으로 설명한 것이 아이의 두려움을 극대화한 것이다.

아이가 더 조심하길 바라는 마음에서 한 말이지만, 아이는 낯선 곳에 가면 땀이 나도록 손을 꽉 잡았고 횡단보도를 건널 때도 더 조심스러워했다. 안전에 있어서는 조심해서 나쁠 것이 없지만, 아이가 안전에 예민해지니 너무 과하게 조심시켰나 하는 생각도 들었다.

다른 것도 마찬가지다. 부모 입장에서 아이가 궁금해하면 정확히 알려 주는 게 맞다고 생각했지만, 아이는 극단적인 결과를 기억하는 경우가 많았다. 독버섯을 먹거나 말벌에 쏘이면 어떡하느냐는 질문에 많이 먹거나 심하게 쏘이면 병원에 가야 할 수도 있다고 답하니, 벌이 근처에만 와도 벌벌 떨었다. 이쯤 되니 어디까지 알려 줘야 할지 헷갈렸다.

연고를 먹으면 어떻게 되냐고 물었던 아이의 이야기로 돌아가 보자. 이 상황에서 아이에게 적절한 엄마의 답변은 무엇이었을까. 방송에 출연한 육아 전문가는 "연고가 입에 조금 닿거나 한 번 먹는다고 별일이 일어나지는 않아"라고 답했으면 좋았을 것이라고 조언했다.

나 역시 그랬어야 했다. 최대한 담백하게, 횡단보도를 건널 때에는 좌우를 살피고 건너라고, 낯선 곳에서는 부모 손을 잘 잡고 다녀야 한다고 말할 걸.

아니, 아직 늦지 않았다.

❖ 아이의 어른 되기, 부모의 놓아주기

"나 이제 여덟 살이잖아. 혼자 갈 수 있어."

임인년을 맞아 여덟 살이 된 큰아이는 며칠 새 부쩍 자란 것 같다. 같은 아파트 다른 동에 사는 할머니 댁에 혼자 갈 수 있다며 자신감을 보였다. 서너 번 할머니 댁에 혼자 간 적은 있지만 대개 날이 밝을 때에도 혼자 가기 무서우니 데려다 달라고 하던 아이다.

예비소집일도 다녀온 마당에 이제 초등학생이라고, 많이 컸다고 한껏 추켜세우니 자신감이 붙은 걸까. 이날 나는 아이가 1층 놀이터를 가로질러 할머니 댁까지 무사히 가는 것을 창문으로 지켜봤다. 대견하면서도 이렇게 조금씩 부모 품을 떠나는구나 서운한 마음이 들었다.

"할머니 댁에 동생 데리고 잘 갈 수 있겠어?"

다음 날 혹시나 싶어 물으니 큰아이는 할 수 있다고 답했다. 큰아이는 할머니 댁에 가져갈 물건이 든 쇼핑백을, 작은아이는 장난감을 가득 넣은 유아용 캐리어를 끌고 갔다. 창문으로 지켜보니 아이들은 걱정과 달리 씩씩하게 잘 갔다. 놀이터에 쌓인 눈을 만지고 밟고 놀면서 가느라 조금 늦게 가긴 했지만 말이다.

"귀찮아도 많이 놀아줘. 나중엔 방문 꽝 닫고 들어가 버리니까."

육아 선배들은 이런 조언을 자주 한다. 아이가 아홉 살만 되면 부모와 놀려고 하지 않는다고 했다. 그때 돼서 '피곤하다는 핑계 대지 말고 좀 더 놀아줄걸' 후회해도 소용없다는 것이다. 아이가 서서히 혼자 설 준비를 시작하니 비로소 이 말이 귀에 들린다.

아이들을 품에 안아 보면 이제 내 힘으로 아이를 번쩍 안아줄 수 있는 날이 많이 남지 않았다는 생각이 들곤 한다. 언젠가 방문 쾅 닫고 들어가 엄마와 말도 안 하는 사춘기 소년이 되겠지.

사실 아이는 태어나는 순간부터 계속 앞으로 나아가고 있었다. 부족한 모유를 먹고도 남다른 성장을 보여주었고, 혼신의 힘을 다해 뒤집고 기고 잡고 일어나며 스스로 두 발로 걷기 위한 준비를 했다. 넘어지고 깨지며 온전히 두 발로 걷게 되기까지 일 년이 걸렸는데 아이는 다시 뛸 준비를 했다. 매 순간이 도전이었지만 아이는 늘 도전을 마다하지 않았다. 오랜 시간이 걸렸지만 결국엔 해냈다.

"엄마", "아빠"밖에 말할 줄 모르던 아이가 어느새 "소방차", "고구마" 등 세 음절을 말하고, "엄마 첫사랑 있었어요?" "똥이 미끄럼틀 타네"와 같이 완벽하고 시적인 말을 구사하기까지 2년이 걸렸다. 사람들 입을 보고 흉내 내고 따라 하고 연습하고 되뇌고, 어쩌면 아이는 나보다 더 열심히 살았을 것이다.

"혼자 할 수 있다"며 내 도움을 거부한 채 혼자 옷을 입고 칫솔질을 하는 아이를 보면 놀랍고도 두렵다. 언젠가 아이에게 더 이상 내 도움이 필요치 않은 날이 올 것이다. 그때 너무 서운해하지 않도록, 아이가 어른이 되는 준비를 하듯 나도 아이의 독립을 응원해 줄 수 있도록 마음의 준비를 해야겠다. 그리고 아무리 바쁘고 힘들어도 아이와 함께하는 시간만큼은 다음으로 미루지 말아야겠다.

Chapter 2

'일'도 힘들고
'엄마'도 힘든데
'일하는 엄마'라니!

1
아이가 아프면 엄마는 죄인이 된다

❖ 밤에 열 펄펄 끓는 아이… 응급실엔 언제 가나

"엄마, 아이 열 아직도 안 떨어졌어?"

사무실 구석에서 휴대폰을 붙들고 나는 발을 동동 굴렀다. 큰아이가 감기에 걸린 지 일주일이 넘었는데도 열이 떨어지지 않아서였다. 그날은 열이 41도까지 올라갔다.

"괜찮을 거야."

친정엄마는 수화기 너머로 나를 안심시켰다. 아이가 아플 때 옆에 있어주지 못하는 것도 모자라 병원조차 데려갈 수 없는 상황이 서글펐다.

그날 저녁엔 회식도 있었다. 빠지기 어려운 자리였다. "괜찮다"는 엄마 말을 믿고 1차만 하고 갈 생각이었다. 그래도 걱정이 돼 잠깐 밖에 나와 전화를 걸었다. "괜찮다"던 엄마 목소리가 흔들렸다. "안 괜찮다"는 말로 들렸다. 양해를 구하고 택시를 탔다.

집으로 가는 택시 안, 119에 전화를 걸었다. 평일 저녁이나 주말에 문을 여는 소아과가 어디인지 알아보기 위해서다. 소아과는 모두 문을 닫았다고 해 근처 아동 응급실 위치만 확인했다. 성인 응급실과 아동 응급실이 따로 있는 곳이 좋다는 회사 선배의 조언이 생각났기 때문이다.

Tip **아이가 갑자기 아플 땐 119 의료 상담**

응급실에 가야 할 상황인지 잘 판단이 안 된다면 119 의료 상담의 도움을 받을 수 있다. 119에 전화를 걸어 의료 상담을 받고 싶다고 말하면 의료 상담 센터로 연결해 준다. 병원에 가야 하는 상황인지, 어느 병원으로 가야 하는지, 현재 방문 가능한 가까운 병원은 어디에 있는지 등을 알려 주고, 판단이 어려운 경우에는 의료진과 확인 후 다시 전화를 주기도 한다.

아이는 침대 위에 축 늘어져 있었다. 겨우 숨만 쉬고 있는 것 같았다. 친정 부모님은 아이 옆에서 발을 동동 구르고 있었다. 나를 안심시키려고 괜찮다고 했지만, 아이가 축 늘어지니 덜컥 겁이 났다고 엄마는 말했다.

그 사이 다른 곳에서 회식을 하던 남편도 친정으로 왔다. 다 함께 대학병원으로 이동했다. 응급실은 그때가 태어나 처음이었다. 구급차를 타고 온, 거동이 불편한 할머니부터 열이 난 아이를 들쳐 업고 온 부모까지 다양한 사람들이 접수를 기다리고 있었다. 모두 한곳에서 접수한 뒤 아이는 아동 응급실로 옮겨졌다.

그날 오후 10시께 응급실에 간 우리는 새벽 3시가 넘어서야 집에 돌아왔다. 검사하고 치료받는 시간보다 기다리는 시간이 훨씬 길었다. 의사는 감기로 인한 발열이라고 했다. 열이 떨어져야만 집에 올 수 있었는데 그 과정이 너무 힘들었다. 고사리 같은 손에 링거 바늘이 들어갈 땐 억장이 무너졌다.

엄마라면 누구나 고민한다. 아이 열이 몇 도까지 올라야 응급실에 갈 것인가. 어린이집에 다녀 감기를 달고 살던 첫째 때문에 나도 늘 그게 고민이었다.

경험상 열이 높더라도 아이가 잘 놀면 안 가도 된다. 하지만 아이가 축 처져 있으면 바로 병원에 가야 한다. 열이 몇 도인지보다 아이가 어떤 상태인지가 더 중요하다. 열이 많이 나더라도 아이가 잘 먹고 활발하게 움직인다면 해열제와 좌약 등으로 열을 떨어뜨리고 아침 일찍 문 여는 소아과를 찾아가는 게 좋다.

아이가 놀기는커녕 축 늘어져 물도 안 마시려고 한다면 주저 없이 응급실에 가야 한다. 병원에서는 다른 종류의 해열제를 써보다가 그래도 열이 안 떨어지면 액체로 된 해열제를 링거로 투여한다. 효과가 거의 곧바로 나타난다. 병원에서 열이 떨어지는 것을 확인하고 집에 돌려보내니 밤새 고열에 시달릴 걱정을 안 해도 된다. 수액이라도 맞으면 아이 상태가 훨씬 나아진다.

하지만 응급실은 가급적 안 가는 게 좋다는 생각이다. 피검사를 하는 데만 1시간이 넘게 걸리니 기다리다 지친다. 낮에 움직일 수 있는 엄마라면 소아과를 매일같이 다니는 편이 낫다. 아이 몸 상태가 수시로 바뀌기 때문이다.

다음 날 나는 여느 때처럼 아침 일찍 회사에 출근했다. 슬픈 워킹맘의 긴 하루가 하룻밤 꿈처럼 스쳐 지나갔다.

Tip

공휴일에 아이가 아프다면?

아이들은 유독 한밤중이나 공휴일에 더 아픈 것 같다. 하지만 그렇다고 늘 응급실로 달려갈 필요는 없다. '달빛어린이병원'으로 가면 되기 때문이다. 달빛어린이병원은 늦은 밤이나 휴일에 아픈 아이를 치료하기 위해 보건복지부가 지정한 의료기관이다. 평일은 밤 11~12시까지, 주말·공휴일은 오후 6시까지 만 18세 이하의 환자에 대한 진료 서비스를 제공한다. 2022년 기준 전국에 31곳의 달빛병원이 운영 중이며, 서울에는 용산·서초·강남·노원 등 네 곳이 있다.

달빛어린이병원은 전문적인 소아 진료를 받을 수 있고 대형 병원 응급실과 달리 대기 시간이 비교적 짧다는 장점이 있다. 비용 부담도 상대적으로 적다. 다만 공휴일에 진료를 받거나 약을 사는 경우 평일 낮 대비 30% 비싸다. 평일에도 야간시간대인 오후 8시 이후에는 만 6세 미만의 소아에 대해 기본 진찰료의 100%가 가산되고, 토요일 오전 9시부터 오후 1시까지는 기본 진찰료의 30%가 가산된다.

평일 저녁과 공휴일에 진료를 한다는 공통점이 있지만 세부적인 진료시간은 병원마다 다르다. 진료시간과 위치 등은 달빛어린이병원 홈페이지와 스마트폰 앱을 통해 확인할 수 있다.

달빛어린이병원뿐 아니라 응급실이나 휴일에 문 연 약국을 찾고 싶다면 구급상황 관리센터 119나 보건복지상담센터 129 등에 문의하면 된다. 보건복지부 홈페이지와 응급의료포털, 휴일지킴이약국 등 홈페이지를 통해서도 조회할 수 있다. 스마트폰 앱 '응급의료정보제공'을 내려받아 실시간 진료가 가능한 병원과 약국을 찾을 수도 있다.

가벼운 의약품은 편의점 등 안전상비의약품 판매소에서 구입할 수 있으니 약국이 문을 닫았다고 해서 절망할 필요는 없다. 소화제·해열진통제·감기약·파스 등 총 4종류, 13개 품목을 편의점 등에서 살 수 있다.

❖ 예방주사를 맞았는데 독감에 걸리다니?

언젠가 가리라 생각했지만 이렇게 빨리 가게 될 줄은 몰랐다. 응급실 말이다. 둘째는 태어난 지 144일 만에 응급실을 찾았다. 열이 떨어지지 않아서다.

그날 낮, 감기 증상을 보이는 둘째를 데리고 '달빛어린이병원'에 갔다. 의사는 생후 4~5개월 아기는 해열제를 하루에 4번 먹으면 탈수 증세를 보일 수 있으니 열이 떨어지지 않으면 밤에 무조건 응급실에 가라고 했다. 이미 해열제를 두 번 먹은 후였다. 집에 와서도 열은 잡히지 않았고 결국 응급실에 갔다. 밤 11시였다.

다행히 응급 환자가 적어 신속히 접수하고 소아 응급실로 향했다. 갓난아기부터 초등학생까지 다양한 아이들이 있었다. 대부분 열이 펄펄 끓어 온 모양이다. 독감 검사 결과를 기다리는 동안 수액을 맞는 아이, 주사 안 맞는다고 빽빽 우는 아이 등으로 정신이 하나도 없었다. 대부분 독감 판정을 받고서야 집으로 돌아갔고 우리도 예외는 아니었다. 독감 검사 결과 둘째는 B형 독감이었다. 혈관조차 보이지 않는 통통한 발에 링거 주사를 맞아 수분을 보충하고 해열제를 먹여 열을 떨어뜨린 후에야 타미플루 약봉지를 들고 겨우 집에 올 수 있었다. 씻고 잠자리에 드니 창밖으로 동이 텄다.

Tip 아이가 약을 토하면?

아이에게 약을 먹이다 보면 아이가 약을 토하는 경우가 종종 발생한다. 타미플루를 복용하기 시작한 둘째가 그랬다. 그럴 때면 엄마는 약을 다시 먹여야 하는지, 아니면 그냥 두어야 하는지 몰라 당황하게 마련이다. 이때 가장 중요한 건 아이가 토한 시점이다. 약을 먹고 바로 토했다면 정해진 용량을 다시 한 번 먹인다. 하지만 아이가 약을 먹고 20분 이상 지난 뒤에 토했다면 이미 약이 흡수됐다고 보아 다시 먹이지 않는다. 아이가 약을 자꾸 토한다면 의사와 상의하여 약을 바꿔보는 것도 좋다.

타미플루의 경우 아이들에게는 보통 가루 형태로 처방되는데, 아이가 자꾸 약을 토한다면 시럽으로 된 타미플루를 다시 처방받는 것도 방법이다. 비급여라 약값은 더 나오지만 경험상 구토는 확실히 덜했다.

나와 첫째는 독감 예방 접종을 한 상태였지만 둘째에게 옮아 모두 독감에 걸렸다. 의사가 "다섯 번 정도 먹어야 타미플루가 비로소 약효를 발휘한다"고 설명했었는데, 정말로 첫째는 나흘 밤 동안 40도가 넘는 고열에 시달리다가 다섯 번째 타미플루를 먹고 나서야 열이 떨어졌다.

당시 '완모(완전 모유 수유)' 중이던 나는 처음 진료를 보았던 의사의 잘못된 설명으로 약 없이 B형 독감과 싸웠다. 증세가 악화돼 자주 가는 소아과에 다시 문의해보니 모유 수유 중인 산모나 임신부도 감기약과 타미플루 모두 먹을 수 있다고 했다. 대한모유수유의사회 소속이었던 그는 "타미플루는 모유 수유 중인 산모도 비교적 안정적으로 먹을 수 있는 약"이라면서도 기왕 안 먹고 잘 싸우고 있었으니 감기약만으로 이겨내자고 했다. 독감은 일주일이 지나고서야 겨우 나았다.

당시 예방 접종에도 불구하고 독감에 걸린 사람들은 우리뿐이 아니었다. 세계보건기구(WHO)가 내놓은 예측이 빗나간 게 컸다고 했다. WHO가 2018년 겨울 북반구에서 유행할 것이라고 예상한 바이러스 외에 다른 바이러스가 대유행하면서 독감 예방주사를 맞았던 게 소용이 없게 된 것이다. 그럼에도 의료 전문가들은 매년 독감주사를 맞는 것이 좋다고 권고한다. 응급실에서 밤새 진을 빼는 것보다야 독감 주사를 맞는 게 낫다. 밑져야 본전이니까.

"전형적인 감기네요. 약 먹으면 열도 떨어지고 금세 나을 거예요."

밤새 열이 난 둘째를 데리고 소아과를 찾았을 때 의사는 감기라고 했다. 약을 잘 챙겨 먹이면 미열로 바뀌었다 곧 떨어질 것이라고 했다. 그런데 그날 밤 39.5도까지 열이 올랐다. 다음 날 다시 소아과를 찾았다. 아이가 열이 날 때면 나는 매일 소아과에 간다. 아이의 상태가 수시로 바뀌거니와 가급적 밤에 응급실에 가지 않기 위해서다.

의사는 심한 감기가 아닌데 열이 계속 오르는 게 미심쩍었는지 열이 계속 내리지 않으면 응급실이나 상급종합병원에 가보라고 했다. 다른 바이러스에 감염됐을 가능성이 있다는 것이다. 그날 밤에도 아이는 39.5도까지 열이 올랐다.

다음 날, 결국 우리는 응급실을 찾아갔다. 대낮에 응급실에 가는 처음이었다. 피검사, 소변검사, 인플루엔자 검사 등 각종 검사를 하고 수액까지 맞느라 무려 여섯 시간이나 응급실에 머물러야 했다. 소변검사 결과가 애매해 요로에 관을 삽입해 다시 검사를 하기도 했다. 초보 의사의 잇단 관 삽입 실패에 나는 억장이 무너져 내렸다. 의사는 일단 항생제를 먹고 3일 후 소변검사 결과 확인차 다시 병원에 오라고 했다.

응급실에 다녀오니 어찌됐든 열은 해결이 됐다. 다음 날 온몸에 열꽃이 피기에 이제 괜찮겠거니 생각했다. 그러나 다시 찾은 병원에서 간호사는 심각한 얼굴로 입원해야 한다고 말했다. 요로 감염으로 추정되긴 하지만 자세한 건 정밀검사를 해봐야 안단다. 삼겹살이나 구워 먹으려던 우리의 평온한 주말이 순식간에 절망으로 바뀌었다. 생후 8개월 된 아이에게 입원이라니. 하루에도 서너 번 아이의 가녀린 팔에 주삿바늘을 꽂는 간호사가 속절없이 미웠다.

Tip 원인 모를 고열이 계속된다면, 요로 감염 의심을!

요로 감염은 6개월 전후 아이들에게 많이 발생하는 질병이며, 대개 대변의 대장균을 통해 감염된다. 아이들에게 원인 모를 고열이 계속된다면 의심해 봐야 하는 질병으로, 단순히 세균에 감염된 것인지 아니면 소변이 역류하는 등 기능적으로 문제가 있는 것인지를 알아보기 위해 초음파검사를 실시한다.

치발기와 장난감 하나로 나흘을 병원에서 버티려니 여간 힘든 게 아니었다. 환경이 바뀐 데다 수시로 주삿바늘을 꽂아대니 아이는 자주 울었고 나는 12㎏에 육박한 아이를 계속 안고 있어야 했다. 잠자리가 바뀌어서인지 새벽에 계속 우는 아이를 안아주느라 잠을 잘 수도 없었다. 아이 혼자 두고 화장실에 갈 수 없어 물도 많이 마시지 못했다. 장난감에 의존하지 않고 아이와 하루 종일 눈 마주치며 놀았던 것이 유일하게 좋은 점이었다.

응급실에 빨리 와 여러 검사를 하고 항생제를 먹었던 게 요긴했는지 아이는 나흘 만에 퇴원했다. 통상 요로 감염에 걸리면 열을 떨어뜨리고 항생제 치료를 하는 데 일주일이 걸린다고 한다.

다른 바이러스에 감염됐을 수도 있다는 소아과 의사의 힌트도 긴요했다. 지인 중에는 2주째 열이 나는 아이에게 계속 감기약만 처방해 준 의사 때문에 요로 감염 치료 시기가 늦어져 고생했다는 이도 있다. 열은 떨어뜨리는 것도 중요하지만 반드시 그 원인을 짚고 넘어가야 한다.

배가 홀쭉해져 퇴원한 아이는 다시 어린이집에 갔다. 아프고 나니 부쩍 더 큰 느낌이 들었다. 별것 아닌 일상이 한순간에 무너질 수도 있다는 것도, 그로 인해 그 평범한 일상이 얼마나 소중한 것인지 느낄 수 있다는 것도 배운 나흘이었다.

✤ 엄마와 아이들의 공적, 수족구병

둘째가 22개월 때였다. 나흘 가량 맑은 콧물이 흘렀지만 열도 나지 않고 밥도 그럭저럭 잘 먹어 수족구를 의심하지 않았다. 어린이집 알림장에는 사흘 연속 아이 컨디션이 좋지 않아 잘 놀지 않는다고 쓰여 있었고, 소아과에서는 감기라며 콧물약을 지어줬다.

그런데 콧물 흘린 지 닷새째 되던 날, 거실 소파에서 아이를 안고 있는데 아이의 울긋불긋한 발이 눈에 들어왔다. 불과 몇 시간 전까지 아무렇지 않던 발이다. 체온을 재면 정상인데 열이 나는 것 같아 몇 번을 아이 귀에 체온계를 갖다 대던 참이었다.

'수족구구나' 하는 생각과 동시에 가슴이 철렁했다. 전염성이 높아 일주일간 어린이집에 갈 수 없다는 생각이 뇌리를 스쳤다. 아이 아픈 것보다 어린이집 못 보내는 걸 먼저 생각하는 스스로가 원망스러웠다. 밤 10시, 아이를 차에 태우고 달빛어린이병원으로 갔다.

Tip **수족구병이란?**

수족구병은 엄마들이 가장 두려워하는 전염병 중 하나다. 한 번 걸리면 아이가 먹지도 못하고 열이 나는 데다 일주일 정도 어린이집이나 유치원에 보낼 수 없어 엄마와 아이 모두 힘들기 때문이다. 수족구병은 주로 콕사키 바이러스 A16 또는 엔테로 바이러스 71에 의해 발병하는데, 여름과 가을철에 흔히 발생한다. 입안에 물집과 궤양, 손과 발에 수포성 발진이 나타난다. 5세 미만의 영유아에게 주로 발생하며 대개 7~10일 내에 저절로 없어지지만 드물게 합병증이 나타날 수 있다.

서울대병원에 따르면 수족구병은 대개 가벼운 질환이어서 미열이 있거나 열이 아예 없을 수도 있다. 입안이나 잇몸, 입술에 수포가 나타날 수 있고, 발이나 손에 발진이 있을 수 있다. 엉덩이와 사타구니에도 발진이 나타날 수 있다. 아이 손이나 발 등이 벌레 물린 것 같이 빨갛게 부어오르거나 물집이 잡혔다면 수족구병을 의심해 봐야 한다.

예방을 위해서는 기저귀를 갈고 난 후 비누로 손을 깨끗하게 씻는 게 중요하다. 수족구병에 걸린 아이와는 신체 접촉을 삼가야 한다. 코와 목의 분비물, 침, 물집 진물 등에 직접 접촉하면 병이 옮을 수 있다. 감염 확산을 막기 위해 수족구병에 걸린 아이는 발병 초기 수일간 집단생활에서 제외하기도 한다.

손과 발, 입안을 살펴본 의사는 수족구병이라고 진단했다. 그리고 2~3일 발열 후 붉은 반점이 저절로 가라앉을 것이라며 해열제와 감기약만 처방해 줬다. 항생제나 항바이러스제는 필요 없을 것 같다고 했다. 형과 격리해 생활하는 게 가장 좋고, 격리하지 못하더라도 식기는 함께 쓰지 말라고 했다. 외출 후 손씻기는 필수라고 했다.

며칠 동안이나 열이 떨어지지 않았는데, 왜 다른 병원에 가볼 생각을 하지 못했을까. 아이에게 미안한 마음이 들었다. 감기 등 질병은 언제든 악화될 수 있어 아이 상태가 호전되지 않으면 다른 병원에 가봤어야 했는데 안이하게 생각했다.

뒤늦게 어린이집에 물으니 수족구병에 걸린 아이가 있었다고 했다. 집단생활을 하는 아이들은 피할 수 없는 병이다. 나 대신 일주일 내내 집에 갇혀 지낼 친정엄마를 생각하니 마음이 무거웠다. 아이가 아프면 죄인이 되는 것. 워킹맘의 숙명이다.

칫솔질할 때마다 큰아이의 어금니가 신경 쓰였다. 충치가 생겼는지 어금니 안쪽이 갈색으로 변해 있었다. 둘째 영유아 검진을 받으러 병원에 간 김에 당시 네 살이던 큰아이의 치과 진료 예약을 잡았다. 서울시어린이병원은 서울시가 운영하는 어린이 전문 공공 병원이라 그런지 대기자가 많아 치과 진료를 받기까지 두 달을 기다려야 했다.

천장에 설치된 모니터에서는 아이들이 좋아하는 만화영화가 나왔다. 의료기기에는 뽀로로, 핑크퐁 등 스티커가 붙어 있고 동물 의자에 앉아 진료를 받을 수 있었다. 불이 켜지고 의사가 입안을 살피자 아이는 영락없이 울었다. 치간이 썩었을 가능성이 있다며 엑스레이도 찍었다.

의사는 위아래 어금니 4개에 모두 충치가 있다고 했다. 다행히 이 사이는 괜찮고, 초기라 신경치료도 필요 없다고 했다. 밤마다 열심히 칫솔질을 했는데 충치가 4개나 된다고 하니 속상했다. 포상용 혹은 달래기용으로 사탕, 초콜릿, 젤리 등을 주던 내 모습이 머릿속을 스쳐 지나갔다.

진료가 끝난 뒤 치위생사는 불소를 도포해줬다. 치과 진료 첫날이라 불소만 바르고 다음 진료부터 본격적으로 충치 치료를 하자고 했다. 멜론 맛이 나는 불소라 아이도 거부감이 없었다.

치실은 치아를 닦는 실처럼 생긴 구강위생용품으로, 치간에 낀 음식물로 인해 치아가 썩는 걸 막을 수 있다. 유아도 치실을 사용하는 게 좋다. 엄마가 의료용 장갑을 끼고 치실을 사용하면 더 적극적으로 치아를 관리해 줄 수 있고 세균 감염도 막을 수 있다.

치실 사용법은 다음과 같다. 치실을 톱질하듯 움직여 치간을 통과한 후에는 잇몸 방향으로 힘을 주지 않는다. 치실을 이용해 뒷 치아의 앞면과 앞 치아의 뒷면을 각각 서너 번씩 닦아준다. 아이를 무릎 위에 눕힌 후에 치실을 사용하면 치아가 잘 보여 닦기 쉽다.

병원에 올 때마다 충치를 하나씩 치료하기로 했다. 치료 중 아이가 움직이면 크게 다칠 수 있어 처음에는 결박한 후 치료를 하고, 아이가 치료를 잘 받으면 결박하지 않고 치료할 수도 있다고 했다. 결박이라는 단어가 주는 위압감에 덜컥 겁부터 났지만 부디 아이가 치료를 잘 받아주길 바라는 수밖에 없었다.

충치 예방을 위해서는 당류가 많이 함유된 음식이나 음료수, 혹은 젤리처럼 입안에서 쉽게 씻겨 나가지 않는 음식은 자제하는 게 좋다. 특히 요구르트와 같은 유산균 발효유는 산도가 높아 충치를 쉽게 유발한다. 섬유소는 입안에서 빗자루 기능을 하기 때문에 충치를 줄이는 데 도움이 된다. 섬유소는 야채와 과일에 많이 포함돼 있다.

직접적인 충치 예방법으로는 불소 사용이 있다. 치약을 삼키지 않는 나이가 되면 불소가 포함된 치약을 사용하는 게 좋다. 하지만 그때까지 우리 아이는 계면활성제가 들어 있지 않은, 삼켜도 되는 치약을 쓰느라 불소가 포함된 치약은 한 번도 쓴 적이 없었다. 치과 진료를 마치고 나오는 길에, 나는 당장 불소가 함유된 치약부터 주문했다.

✥ 유치 발치는 어떻게?

큰아이가 여섯 살이 되자 앞니가 벌어지기 시작했다. 아랫니 두 개가 시간이 갈수록 벌어지는 게 영구치가 나오려나 짐작은 됐지만 확신은 없었다. 병원을 찾았다. 치과의사는 영구치가 나오려고 유치 뿌리를 녹여 아랫니가 흔들리는 것이라고 했다. 특히 왼쪽 아랫니가 많이 흔들려 빼는 게 좋겠다며 바로 발치를 하자고 했다. "아직 마음의 준비가 안 돼서요. 다음에 다시 오면 안 될까요?" 의사에게 말하고 집으로 돌아왔다. 아이보다도 내가 마음의 준비가 안 돼 있었다. 아이가 벌써 자라 유치를 빼야 할 때가 되다니.

집에 와서는 이를 뽑는 건 자연스러운 일이고 잠깐 아프지만 금방 괜찮아진다고 설명했다. 주변 7~8세 형들도 다 겪고 있는 일이고, 어른이 돼 가는 과정이라고 했다. 아이에게 말하고 있었지만, 마음의 준비가 안 된 내게 하는 말이기도 했다. 세상에 태어나 우는 것 외에는 아무것도 할 수 없었던 아이가 어느새 훌쩍 커 이를 뺀다는 게 실감이 나지 않았다.

의사는 30초간 약을 바르고 기다린 후 순식간에 이를 뺐다. 발치 시간이 1초밖에 되지 않아 아이가 무서워하거나 울 겨를이 없었다. 눈 깜짝할 사이에 유치가 빠졌고 아이는 의외로 덤덤했다. 그 모습이 대견해 자랑스럽다고, 정말 잘했다고 칭찬해 주었다. 병원에서는 발치한 이를 지퍼백에 담아 주었다.

Tip · 유치, 언제 빠지나요?

대개 만 6세가 되면 영구치가 나기 시작한다. 턱이 자라면서 영구치가 나올 수 있는 공간이 생겨 서서히 유치 뿌리가 흡수되고 영구치가 나올 준비를 하는 것이다. 이때 유치가 흔들리면 아이가 공포감을 느낄 수 있다. 무조건 이를 빼야 한다고 말하기보다는 어른 치아가 나온다는 점을 강조하면 두려움을 줄일 수 있다고 한다.

유치가 빠지지 않은 상태에서 영구치가 뒤쪽에서 나오는 경우도 있기 때문에 이가 많이 벌어졌거나 흔들린다면 치과에 가서 전문의에게 진료를 받아보는 게 좋다. 또한 영구치 어금니는 유치가 빠진 자리가 아니라 뒤에서 나오기 때문에 영구치인지 모르는 경우가 많고, 좁고 깊은 홈이 있어 음식물이 잘 끼고 쉽게 빠져나가지 않아 충치가 발생하기 쉬우므로 이를 예방하는 실란트(치아 홈 메우기) 치료가 권장된다.

2
끝나지 않는 우리 엄마의 육아

∻ 맞벌이 부부, 아들 둘 키우며 회사 다니기

"아들 둘 키우며 어떻게 회사에 다니세요?"

둘째 출산 후 복직해서 가장 많이 받은 질문이다. 아이는 누가 돌봐주는지, 남편과 육아 분담은 어떻게 하는지, 아이들이 어린이집에 머무는 시간은 얼마나 되는지 등 구체적으로 묻는 이가 많다. 대부분 둘째를 낳고 싶은데 현실적으로 키울 방법이 없어 고민하는 맞벌이 부부다.

복직 후, 나의 하루는 보통 이렇게 흘러갔다. 아침에 일어나 남편과 출근 준비를 한 후 첫째 등원 준비를 시작한다. 대개 텔레비전을 틀어주고 아이가 만화를 보는 동안 잽싸게 옷을 갈아입히고 바나나나 고구마를 손에 쥐여 준다. 화장하는 동안 아이가 음식을 다 먹으면 고양이 세수를 시키고 차에 태운다. 5분 거리의 어린이집에 데려다주고 근처 지하철역에 차를 세워놓고 지하철을 타고 출근한다. 둘째는 한동안 아예 외할머니 댁에서 숙식하며 어린이집에 다녔다.

일을 마치고 우리 부부는 각자 구내식당에서 저녁을 해결한 뒤 친정 부모님 댁으로 퇴근한다. 친정엄마가 아이들을 어린이집에서 데리고 와 저녁을 먹이고 계시면 배턴을 이어받아 아이들을 씻기고 장난감을 정리한다. 친정엄마가 분유를 타고 둘째를 재우러 방에 들어가시면 조용히 첫째만 데리고 집으로 온다. 첫째가 비로소 잠이 들면 우리 부부는 육아 퇴근을 자축하며 거실에서 맥주를 마셨다. 유일하게 부부가 얼굴을 보고 이야기하는 시간이다.

남편과 나는 한 달 전부터 서로의 당직표를 확인하고 당직이 겹치지 않게 조정했다. 공휴일 당직이나 회식, 야근 등도 마찬가지다. 복직 직후에는 회식이 잦아 한 달 가량 남편이 자신의 일정을 많이 포기했다.

친정 부모님이 곁에 계시지 않았다면 복직할 엄두를 못 냈을 것이다. 갓 돌이 지난 아이와 네 살 첫째를 어린이집에 등원시키는 데는 1시간이 넘게 소요된다. 친정엄마가 둘째를 봐주시는 덕에 1분, 1초가 급한 출근시간을 아낄 수 있었다. 내 퇴근시간이 어린이집 문 닫는 시간보다 더 늦다는 현실적 이유도 있다. 공휴일 당직이라도 있는 날이면 애를 맡길 데가 없어 발을 동동 굴렀을 것이다. 친정 부모님 도움 없이는 야근이나 회식도 불가능하다.

둘째가 세 살이 됐을 때에는 친정 바로 옆으로 이사했다. 자기만 몰래 두고 가는 걸 눈치챈 둘째는 우리가 현관 근처만 가도 크게 울었고, 몰래 현관을 나서며 문밖에서 나도 같이 울었다. 그래서 두 아이와 함께 자야겠다고 결심했다. 두 아이가 서로 다른 기관에 다니는 탓에 아침에 친정엄마가 오셔서 도와주셨고, 퇴근 전까지 하원도 도맡아주셨다.

둘째가 다섯 살이 돼 첫째와 같은 유치원에 다니고부터는 등하원이 훨씬 수월해졌다. 아이들이 웬만큼 커 의사소통이 가능한 데다 유치원 셔틀버스도 같이 타고 다녀 아침부터 이리 뛰고 저리 뛰지 않아도 됐다. 남편과 번갈아가며 아이들을 셔틀버스에 태우고 출근하며 좋은 팀워크를 유지했다.

> **Tip** **맞벌이 부부를 위한 조언**
>
> "돈으로 해결할 수 있는 건 최대한 돈으로 해결해."
> 맞벌이 부부가 아이를 키우려면 절대적으로 시간이 부족하니 돈으로 해결할 수 있는 것은 돈으로 해결하라고 회사 선배는 내게 조언했다. 퇴근하고 겨우 집에 왔는데 설거지하랴 빨래하랴 청소하랴 집안일만 하고 있다면 정작 하루 종일 엄마만 기다리던 아이와 시간을 못 보낸다는 것이다. 식기세척기를 사든 가사도우미의 도움을 받든 집안일을 최소화하고 아이들과 놀아주라고 했다.

친정이든 시댁이든 도움 받을 곳이 있다면 최대한 도움을 받되 육아 간섭을 하지 말라는 조언도 인상 깊다. 24시간 엄마가 돌보지도 못하면서 괜한 간섭을 하면 서로 마음이 상할 수 있기 때문이다. 아무리 부모님이라도 아이들을 돌봐주시는 데 대한 보상을 확실히 하고 부모님께 일주일에 한두 번은 육아에서 해방시켜 드리라는 조언도 기억에 남는다.

✥ 손주 봐주시는 친정엄마, 소녀였던 그녀에게 자유를 허하라

"오늘 수영장 갈래?"

아이들을 어린이집에 보내고 나서 한결 여유가 생긴 내게 엄마가 말씀하셨다. 모처럼 미세먼지가 적어 걷고 싶었지만 오랜만에 친정엄마와 수영하는 것도 좋을 것 같아 가겠다고 했다. 결혼 전엔 주말마다 엄마와 수영장에 다녔다.

수영장엔 엄마와 친하게 지내는 '언니'가 먼저 와 계셨다. 인사를 나눈 뒤 스트레칭을 하고 자유 수영을 했다. 5년 만에 수영을 하니 몸이 예전 같지 않았다. 한 바퀴 돌고 헉헉거리고 있을 때 '언니'라는 분이 내게 다가왔다. 아주머니는 우리 엄마가 매일 수영을 거르지 않고 얼마나 열심히 하는지 칭찬했다. 지독히도 연습한다고 전하셨다.

엄마는 매일 두 시간씩 수영을 하신다. 처음 배울 땐 발차기도 못하셨다. 평일에 강습을 받고 주말마다 두 시간씩 연습하며 실력을 키우셨다. 내가 아이를 낳고부터는 점심시간을 이용해 자유 수영을 하신다. 손주 키우기에 희생(?) 당하는 엄마의 유일한 자유 시간이다. 직장에 다니는 딸의 아이를 봐주느라 손주 어린이집 등하원은 엄마의 몫이 됐다.

수영장에서 엄마는 더 이상 엄마가 아니었다. 어느 것에도 속박되지 않은 자유로운 소녀처럼 보였다. 사람들과 너스레를 떨고 장난을 치는 엄마 모습은 어쩐지 낯설었다. 수영을 마치고 아주머니는 엄마 등에 오일을 발라 주었다. 견과류, 나물 등 각종 먹거리도 챙겨 주셨다.

벚꽃이 흐드러지게 피어 셋이 양재천을 걸었다. 사진을 찍어드리겠다고 하자 아주머니는 엄마에게 립스틱을 건넸다. 화장은 안 하더라도 립스틱은 꼭 바르라고 했다. 두 분이 다정하게 손잡고 꽃길을 걷는 모습이 아름다웠다. 엄마는 아주머니에게 연신 "언니는 우리 엄마 같아"라고 말했다. 두 분은 15살 정도 나이 차이가 난다.

나의 외할머니, 그러니까 우리 엄마의 엄마는 내가 초등학교 저학년 때 돌아가셨다. 엄마는 어리다는 이유로 장례식 때 우리를 서울에 남겨뒀다. 그땐 감히 짐작할 수 없었던 슬픔이 물밀듯 밀려왔다. 엄마도 엄마가 필요했구나, 가슴이 먹먹했다. '언니'와 손잡고 꽃길을 걷는 엄마는 행복해 보였다.

나도 처음부터 엄마는 아니었다. 새벽에 라면을 먹어도 살이 찌지 않는 고등학생이었고, 미니스커트를 입어도 춥지 않은 대학생이었고, 술을 마셔도 취하지 않는 청춘이었다. 눈만 마주쳐도 설레는 소녀였고, 물에 손 한 번 담가 보지 않은 여자였다. 출산과 동시에 나는 아줌마가 됐고 24시간 아이들 엄마로 산다. 나는 굳세지고 억척스러워져야 했다.

젊고 아름다웠던 엄마도 그랬을 것이다. 어느 순간 세 아이의 엄마가 됐고, 그렇게 30년 넘게 우리 엄마로만 살았다. 그래서 나는 엄마가 수영하는 모습이 좋다. 엄마가 유일하게 그녀 자신으로 존재하는 순간이라 더 그렇다. 엄마가 수영을 계속할 수 있는 한 나는 엄마의 수영 시간을 지켜주고 싶다.

❖ 황혼 육아에 기대야 하는 한국 사회의 자화상

맞벌이 부부가 증가하면서 조부모가 손주를 돌보는 '황혼육아'가 더욱 늘고 있다. 보건복지부에 따르면 맞벌이 가구의 황혼육아 비율이 2009년 33.9%에서 2012년 50.5%로 급증했다. 2015년 통계청 자료를 보면 전국의 맞벌이 가구는 510만 가구 정도 되는데 이 중에 절반가량이 조부모에게 아이를 맡기는 것으로 나타났다.

시간이 갈수록 황혼육아는 더 늘어나는 추세다. 보건복지부가 육아정책연구소에 의뢰해 실시한 '2018년 보육 실태 조사'(조사대상 2533가구)에 따르면, 아이 부모를 도와 가정에서 영유아를 돌보는 사람 10명 중 8명(83.6%)이 조부모로 조사된 바 있다. 자식과 따로 사는 외할머니·외할아버지가 손주를 돌보는 경우가 48.2%에 달했다.

나도 예외는 아니다. 육아휴직 기간에는 독박 육아가 힘들어 매일 친정으로 출근했다. 복직 후에는 친정엄마가 어린이집 등·하원을 도와주셔서 일을 할 수 있었다. 결혼 전, 두 아이를 둔 회사 선배가 매일 새벽 5시에 일어나 시댁에 아이 둘을 맡기고 출근한다는 얘기를 들었을 때 별 감흥이 없었는데 어느새 그게 내 일이 됐다.

아침에 일어나 출근 준비를 마치면 자고 있는 첫째를 둘러업고 무작정 차에 태웠다. 10분이라도 늦어지면 차가 막혀 출근이 30분이나 늦어지니 조금도 지체할 수 없다. 주차장에 먼저 내려와 계신 엄마에게 아이를 맡기고 난 후 나는 지하철을 타고 출근하곤 했다. 먼저 출근한 신랑을 대신해 나는 둘째 임신 중에도, 만삭 때도 아침마다 첫째를 둘러업고 친정으로 향했다.

황혼육아가 늘면서 '손주돌보미'라는 생경한 서비스도 도입됐다. 서울 서초구에서는 조부모들이 육아 경험이 풍부한 전문가로부터 현대식 보육 방법을 교육받고, 한 달에 40시간 동안 직접 손주를 돌보면 월 30만 원의 수당을 지급한다. 적은 돈이라도 드릴 수 있어 다행이지만 '알바비' 수준의 재정적 지원에 그친다는 비판도 만만치 않다.

조부모의 황혼육아에 대한 보상이 제대로 이뤄지지 않는 점도 문제다. '손주니까 당연히 돌봐 줘야 한다'는 인식 때문에 정당한 노동으로 인정받지 못하고, 부모들도 가족이란 이유로 자녀에게 '육아 보상'을 선뜻 요구하지 못하면서 갈등이 생긴다.

복지부에 따르면 육아를 전담하는 조부모 가운데 자녀로부터 아무런 대가를 받지 못하는 비율이 48.9%(2018년 기준)에 달했다. 조부모 10명 중 5명이 '공짜 육아' 서비스를 제공하는 셈이다. 특히 동거 외조부모는 10명 중 7명이 아무런 대가를 받지 못하는 것으로 나타났다.

자녀가 부모에게 지불하는 비용은 월평균 70만3000원으로 집계됐다. '베이비시터'들이 받는 월급의 절반에도 훨씬 못 미치는 수준이다.

전문가들은 "정부가 어린이집 보육료는 지원하면서 조부모의 육아는 당연한 것으로 인식하는 것이 문제"라면서 "출산율 제고를 위해 조부모의 육아에 대한 법적·정책적 지원이 필요하다"고 조언한다.

육아로 인한 건강 악화도 조부모 육아의 부작용 중 하나다. 조부모가 육아노동으로 인해 허리, 팔다리, 심혈관계 질병은 물론이고 우울증 등 심신 건강의 문제를 겪으며 고통을 호소하는 경우가 늘고 있다. 친정엄마도 얼마 전 허리가 안 좋아 병원에 갔다가 척추협착증이라는 진단을 받았다.

출산과 육아를 개인의 문제가 아닌 사회적 문제로 바라보고 아이들을 키울 수 있는 환경을 만들어주는 게 무엇보다 중요하다. 두 사내아이를 친정엄마에게 맡기고 출근할 때마다 죄스러운 마음에 가슴이 답답하다. 부디 조부모 도움 없이도 맞벌이 가정이 스스로 아이를 키울 수 있는 환경이 조성되길, 진심으로 바란다.

✣ 처량하고 씁쓸한 대한민국 워킹맘의 현실

출근 준비하기도 버거운 아침 시간, 어린이집 준비물을 챙기고 아이들 아침 식사를 준비하는 건 온전히 내 몫이다. 기저귀와 분유 잔량을 체크해 제때 주문하는 것도, 계절이 바뀔 때마다 작아진 옷을 정리하고 새 옷을 사는 것도 내 몫이다. 퇴근 시간보다 어린이집 하원 시간이 일러 친정 부모님의 도움 없이는 일상생활이 불가능하고, 아이 돌봄 관련 비용이 가계의 큰 비중을 차지해 아무리 열심히 벌어도 제자리다.

'왜 이렇게 살아야 하나' 한숨이 나오는 모습이지만, 나만 그렇게 사는 것도 아닌 모양이다. KB금융경영연구소가 발간한 '2018 한국의 워킹맘 보고서'에 따르면 일과 육아를 병행하는 워킹맘은 출근

전 가족 아침식사와 자녀의 등원·등교 준비, 퇴근 후 자녀 하원·하교, 가족 저녁식사, 숙제, 목욕 등 가사와 육아로 직장 생활 외 대부분 시간을 보내는 것으로 나타났다. 워킹맘이 하루 10시간 이상 일하는 비중은 45%, 배우자는 80%로 우리집이 그렇듯 부부만으로 자녀를 돌보는 것은 어려운 것으로 조사됐다. 영·유아 자녀 10명 중 9명은 엄마가 퇴근하고 집에 오기 전에 하원하는 것으로 나타났다. 다른 사람의 도움 없이는 워킹맘의 직장 생활이 불가능하다는 뜻이다. 대부분의 워킹맘은 결혼 후 약 10년간 영·유아와 미취학 자녀를 돌보면서 육아와 직장 생활을 병행한다고 하니 갈 길이 구만리다.

친정 부모님 없이는 아무것도 할 수 없는 우리집과 마찬가지로 영·유아 자녀를 둔 가정 10곳 중 5곳은 친정어머니가 아이를 돌봐주고 있었다. 친정어머니, 시어머니, 육아도우미 순으로 자녀를 돌봐주고 있었고, 양가 어머니는 학교와 학원 등·하원, 등·하교뿐 아니라 청소나 빨래, 음식 장만 등 전반적인 가사를 해주고 있어 실질적으로 본인의 자녀와 손주까지 두 세대를 양육하는 것으로 나타났다. 친정 부모님께 송구해 우리 부부는 매일 저녁 각자 구내식당에서 끼니를 해결하고 귀가한다.

내 월급의 대부분은 자녀를 돌보는 데 지불하고 있다. 다른 가정도 별반 다르지 않은 모습이다. 워킹맘은 자녀 돌봄에 대한 보육료로 월평균 77만 원을 지불하고 있었다. 영아 자녀는 96만 원, 유아·미취학 자녀는 75만 원, 초등학생 자녀는 58만 원으로 자녀가 어릴수록 지출액이 높았다.

나는 또래보다 일찍 결혼하고 출산한 까닭에 친구보다는 직장 동료나 선배에게 육아 정보를 얻곤 한다. 다른 워킹맘들도 마찬가지였다. 보고서에 따르면 워킹맘에게 직장 동료는 자녀 연령에 관계없이 중요한 정보 채널로 인식되고 있었다. 워킹맘 10명 중 8명은 다니는 직장에서 계속 일할 의향이 있었는데, 그 이유로는 가정생활 측면에서 '가계 경제에 보탬이 되기 위해'(61%), 직장 생활 측면에서 '근로 시간이 적정해서'(33%)가 가장 높았다.

그밖에 자녀 양육에는 부부 외에도 최대 5명의 도움이 필요했고 응답자 10명 중 7명이 부부를 제외하고 추가로 1명의 도움을 받는다고 답했다. 또 워킹맘은 '일과 가사 병행의 어려움'(26%)을 개인·가정 생활에서 얻는 스트레스 중 가장 큰 스트레스로 꼽았다. 이 보고서는 고등학생 이하 자녀가 있고 주 4일, 30시간 이상 소득 활동을 하는 기혼 여성 1600명을 대상으로 온라인 설문조사한 결과를 토대로 작성됐다.

보고서를 읽으면서 구구절절 내 얘기인 것 같은 착각이 들었다. 그나마 고무적인 것은 우리집과 마찬가지로 대부분의 부부가 퇴근 후 자녀 돌보는 것을 우선적으로 하고 있다는 점이다. 보고서에 따르면 워킹맘의 23%, 배우자의 20%가 퇴근 후 저녁식사나 집안일, 식사 준비 등을 제치고 자녀를 돌보는 일을 우선순위에 두고 있었다. 워킹맘은 주로 어린이집·유치원 하원을, 배우자는 자녀와의 놀이, 목욕, 취침 등을 전담하는 것으로 나타나 역할 분담 역시 우리 부부와 비슷했다.

맞벌이 부부가 아니면 아이를 보내기 어렵다는 구립 어린이집에서도 풀타임으로 일하는 엄마들은 손에 꼽을 만큼 적다. 그러다 보니 저녁 늦게까지 남겨질 아이들이 걱정돼 양가 부모님의 도움을 받고 그마저도 안 되면 베이비시터의 도움을 받아 아이를 일찍 하원시키는 게 맞벌이 부부의 현실이다. 국공립 어린이집·유치원과 방과 후 교실 등을 늘리면 좀 나아질까. 일과 가정 사이에서 위태롭게 줄타기하는 워킹맘이 애처롭다. 10년 후 워킹맘 보고서에는 덜 씁쓸한 내용이 담겼으면 좋겠다.

3
아이 하나를 키우려면 온 마을이 필요하다

❖ 속 터놓고 대화하니 '우리 남편이 달라졌어요'

"저도 회식하고 싶네요. 밖에 나가서 술 마시고 고기 먹고 싶습니다."

밤늦은 시각, 같은 지역 엄마들이 모인 온라인 카페에 한 여성의 글이 올라왔다. 두 아이를 먹이고 씻기느라 자신은 저녁도 못 먹었는데 회식 중인 신랑은 아직까지 들어오지 않는다는 내용이었다. 전업주부인 자신이 싫다는 그녀에게 '독박 육아' 중인 수십 명의 엄마들이 위로를 건넸다.

부부가 한마음으로 결혼해 아기도 함께 가졌는데 임신·출산·육아에 있어서는 여성이 감내해야 하는 부분이 상대적으로 많다. 10개월의 임신 기간과 출산 후 모유 수유 기간을 포함해 최소 1년, 길게는 2년 가까이 술을 마시지 못하는 데다 음식도 가려 먹어야 한다.

임신 중에는 저녁 약속 잡기가 쉽지 않고 감기에 걸려도 약을 먹을 수 없어 사람 많은 곳은 피해야 한다. 출산 후에는 아기 맡길 데가 여의치 않거나 모유 수유를 해야 해 외출이 어려운 경우가 많다. 거울에 비친, 망가진 자신의 몸매를 보는 기분은 또 어떤가. 전업주부는 물론이고 워킹맘도 최소 3개월의 출산휴가 기간 동안 '독박 육아'를 경험하게 되는데, 독박 육아를 해 본 사람이라면 '나도 회식하고 싶다'는 저 글에 공감하지 않을 수가 없다.

나도 그랬다. 본격적인 육아를 시작한 것도 아닌데 임신 중에 남편이 술 마시고 늦게 들어오면 서운했고 때론 미웠다. 배가 불러올수록 나는 퇴근 후 바로 귀가할 수밖에 없었지만 한 달에 네댓 번 회식하는 신랑의 술자리는 변함이 없었다. 밤늦도록 혼자서 밀린 집안일을 하노라면 왈칵 눈물이 나왔다. 머리로는 일 때문에 회식 자리를 피할 수 없는 신랑을 이해하면서도 마음으론 그렇지 못했다. 술이라도 실컷 마시고 싶었지만 배 속의 아기를 생각해 그럴 수도 없었다. 또래보다 일찍 결혼해 임신한 까닭에 공감해 줄 친구도, 조언을 구할 친구도 없었다.

아기를 낳고는 서운함이 더 컸다. 육아휴직 기간 동안 하루 종일 아기와 씨름하며 남편의 퇴근만을 기다렸는데 저녁 약속이 있다고 하면 가슴이 꽉 막혔다. 보채는 아기를 달래며 끼니도 거르고 남편 퇴근 시간만을 기다리며 버텼는데 남편이 늦으면 나는 24시간 육아

모드로 전환해야 한다. 남편이 술 마시고 늦게 들어오면 밤중 수유는 커녕 집 정리 등 간단한 집안일도 내 몫이 된다.

둘째를 임신하고는 서운함이 더 커졌다. 퇴근하자마자 첫째를 돌보기 위해 달려와 저녁을 먹이고 씻기고 재우다 같이 잠이 들면 그제야 들어오는 남편. 잦은 야근과 회식 자리에 일주일에 네 번은 밤늦게 귀가하는 남편에게 나는 농담 반 진담 반으로 "직장을 그만두라"고 했다. 둘째 임신 소식에 어깨가 무겁다며 회사일뿐 아니라 회식 자리에도 열심인 남편이 안쓰러우면서도 원망스러웠다. 우리 식구를 위해 열심인 그는 정작 그를 필요로 하는 우리 곁에 없었다.

둘째 출산 후 신랑과 속 터놓고 대화를 했다. 워킹맘인 나는 직장에 있는 시간을 제외하곤 육아에 '올인'하고 있는데 남편은 그렇지 않아 서운했다고 했다. 남편이 두 번의 임신 기간을 통틀어 해준 요리라곤 비빔면 한 번 끓여준 게 전부인 것도, 만삭의 배로 15kg의 첫째를 안고 출퇴근길 어린이집에 보내는 것도 모두 속상하고 힘들다고 했다. 나는 두 번의 출산으로 몸매도 망가지고 아기 때문에 옴짝달싹 못하고 있는데 저녁 시간마저 자유로운 남편은 대체 날 위해 무엇을 해주었냐며 하소연했다.

남편은 내 얘기에 놀란 듯했다. 맡은 일에 최선을 다해 직장에서 인정받는 것이 곧 가족을 위한 일이라고 생각했다는 것이다. 자기 딴에는 회식 자리에서도 일찍 귀가하려고 애썼고, 사적인 약속도 최대한 줄였다고도 했다. 집에 일찍 오는 날은 첫째와 놀아주고 주말에는 가족들과 시간을 보내려고 노력했단다. 다만 그 노력이 삶을 제쳐두고 육아에 올인하는 내게는 부족하게 느껴졌던 것이다.

그날의 대화 이후 신랑이 변했다. 가장 큰 변화는 요리를 시작한 것이었다. 요리책을 사 보며 주말마다 가족을 위해 프랑스 요리를 해주었다. 마트에 가면 남편이 더 적극적으로 각종 재료와 소스를 살펴보니 나눌 수 있는 이야기도 더 많아졌다. 평일 저녁에는 일찍 퇴근해 육아에 동참하고, 젖병 세척과 물 끓이기 등을 미리 해두기도 했다. 저녁 약속은 부서 회식 등 꼭 필요한 자리를 제외하곤 가급적 잡지 않았다.

남편은 말했다. 지나고 보니 '가정과 일의 균형을 맞춰야지' 하는 정도로는 안 되는 것이었다고. '무조건 가족이 먼저'라는 각오쯤은 있어야 가까스로 균형을 맞출 수 있을 것이라고 했다. 독박 육아로 힘들어하는 엄마들이여, 오늘 저녁 남편과 그동안 서운했던 것들을 속 터놓고 이야기해 보는 것은 어떨까. 서로의 입장을 이해하고 힘들었던 부분을 나누면 독박 육아에서 오는 외로움이 조금이나마 덜어지지 않을까.

퇴근 무렵 신랑한테 문자가 왔다. "오늘 장모님 생신 아니야?" 달력을 확인해 봤다. 남편 말이 맞았다. 하필이면 나는 저녁 약속이 있었다. "어쩌지?" 남편에게 물으니 본인이 케이크와 꽃다발을 사 가겠단다. 미안한 마음에 케이크 예약이라도 했다.

무거운 마음으로 저녁 약속 장소에 가고 있는데 사진과 함께 한 통의 문자가 왔다. "오늘 할머니 생신이라면서요. 저희가 놀이터에서 분식 파티 하고 있어요." 큰아이와 유치원에서 친하게 지내는 친구의 엄마였다. 사진 속 친정엄마는 아이들과 함께 환하게 웃고 계셨다. 초코파이로 만든 생일 케이크에 초까지 꽂아 촛불도 붙였다. 즐거운 순간을 동영상으로 찍어 보내준 동네 엄마 덕분에 눈시울이 시큰해졌다.

휴직 중일 때는 그저 아이와 하루 종일 단둘이 집에서 지내는 게 심심해 같이 놀 육아 동지를 찾는 게 공동육아인 줄 알았는데, 요즘 들어서는 이런 게 바로 진정한 공동육아가 아닐까 하는 생각이 든다. 피치 못할 상황에서 부모 대신 선뜻 아이를 돌봐줄 수 있고 부모 역시 믿고 맡길 수 있는 공생 관계 말이다.

유치원 친구의 엄마는 가끔 첫째에게 저녁까지 먹여 집에 데려다준다. 친정엄마가 홀로 손주 둘을 돌보는 탓에 늦게까지 놀이터에서 아이를 보거나 아이들 친구 집에 놀러 가기 힘든 사정을 잘 알기 때문이다. 비가 많이 오는 날에는 나 대신 우리 엄마를 모시고 차로 아이들을 데리러 간다. 여기에 친정엄마의 생신까지 챙겨주니 공동육아라는 말로는 다 표현할 수 없을 정도다. 가끔 내가 놀이터에서 큰아이 친구들을 돌보는 것과는 비교도 안 된다.

고마운 마음에 다음 날 놀이터에서 피자파티를 열었다. 퇴근이 늦은 워킹맘을 대신해 가끔 아이들을 자신의 집으로 데리고 가 저녁밥을 챙겨 먹여주고, 친정엄마 생신까지 챙겨주는 데 대한 작은 보답이었다. 매일 저녁 함께 놀이터에서 노는 멤버도 다 모았다. 시멘트 벽에 가로막혀 왕래가 없던 아파트 놀이터에서 피자 파티를 열다니, 나조차도 낯설었다.

파티가 열리자 동네 아이들이 몰려들었다. 모르는 아이들에게도 음식과 음료수를 나눠줬다. 나중에 내 아이에게도 누군가 이런 선의를 베풀어주길 바라면서.

❖ 이게 바로 진짜 공동육아

어른 넷, 아이 다섯이 카니발을 타고 나섰다. 경기도에 위치한 딸기농장에 가기 위해서다. 남편이 출근한 일요일, 나는 혼자 아이 둘을 데리고 갔다. 다른 가족은 아빠 혼자 애 둘을 데리고 나왔다. 그

집도 아내가 출근했다. 친언니네 가족을 필두로 세 가족이 모여 승합차를 타고 길을 나섰다.

새벽부터 일어나 유부초밥을 싸놓고 출근한 엄마를 둔 가족 덕분에 차 안에서 아이들 배를 든든히 채웠다. 동요를 따라 부르는 아이들 목소리가 차 안을 가득 메웠고 아이들은 물론 어른들도 신이 났다. 딸기농장에 도착해서는 일곱 살 큰아이가 딸기를 따며 시범을 보이고 세 살배기는 딸기를 따먹기 바빴다. 누가 딸기를 많이 따는지 경기라도 하듯 딸기를 딴 후 딸기를 으깨고 저어서 잼도 만들었다.

딸기농장 체험이 끝나갈 무렵 장염 기운이 있던 네 살 아이가 토를 했다. 아빠 혼자 두 아이를 챙기느라 정신이 없는 터라 손이 빈 어른들이 뒷정리를 도왔다. 마침 여벌옷이 있어 빌려줬고, 운전하는 아이 아빠 대신 형부가 차 안에서 잠든 아이를 맡았다. 식당에서 밥 먹을 땐 너 나 할 것 없이 서로의 아이들을 챙기며 출근한 부모의 빈자리를 메웠다.

문득 공동육아란 이런 것이 아닐까 하는 생각이 들었다. 아이들을 키즈카페에 몰아넣고 엄마들끼리 수다를 떨기에 바쁜 그런 공동육아 말고, 사정상 부모가 함께 아이를 돌보기 어려울 때 주변에서 도움의 손길을 내미는 것 말이다.

볼일이 있는데 아이 데리고 가기 어려울 때나, 부모 중 한 명이 출근해 혼자 아이를 보기 어려울 때 공동육아만큼 고마운 게 없다.

두 아이를 차에 태워 쇼핑몰이라도 가려면 운전 하랴 애들 보랴 정신이 없지만, 다른 가족과 함께 움직이면 한 명이 운전하는 대신 다른 한 명이 아이들을 돌볼 수 있어 몸도 마음도 편하다. 또래 아이들이라면 서로 어울려 잘 놀아 손도 덜 간다. 독박 육아보다 시간도 훨씬 잘 간다.

물론 공동육아를 하면 감수해야 하는 것들이 있다. 아들만 둘이지만 딸을 둔 가족을 따라 시크릿 쥬쥬 뮤지컬도 봐야 하고 콩순이 연극도 봐야 한다. 자기 장난감이라며 안 빌려주고 싸우다 누군가는 서러워 울게 되는데, 속상하지만 그런 모습도 지켜봐야 한다. 먹고 싶은 게 다르거나 하고 싶은 게 달라도 함께 움직이려면 누군가는 양보를 해야 한다. 아이들은 그 과정에서 스트레스도 받겠지만 동시에 함께 지내는 법을 배운다.

아프리카 속담에 '한 아이를 키우려면 온 마을이 필요하다'는 말이 있다. 혼자 힘으로 혹은 부부 힘만으로 안 되는 날이 있다. 동생을 출산할 때, 큰아이가 열이 나 응급실에 가야 할 때가 그렇다. 급한 일을 보느라 아이들을 다 데리고 갈 수 없는 날은 반드시 온다. 그래서 나는 여력이 될 때면 급한 이웃의 요청을 반드시 들어준다. 언젠가 내게도 생길 일이기 때문이다. 내 아이를 키우기 위해 온 마을이 필요하듯, 나 역시 다른 아이를 위한 마을이 돼줘야 한다.

4
휴일도 휴가도… 워킹맘에겐 또 다른 도전

❖ 시원하고 재밌고 교육적… 도서관은 데이트 명소

2018년 여름, 둘째 어린이집 현장학습으로 서초구 그림책도서관에 다녀왔다. 개소를 기념해 도서관 홍보차 자치구에서 버스 등을 지원해 준 모양이다. 엄마들이 아이와 함께 도서관을 둘러봤다. 그림책만 8500여 권을 보유한 이 도서관에는 큰 그림책이나 팝업북이 많았다. 찢어진 곳 없는 새 책이라 좋았다. 회원 가입을 하고 그림책 5권을 빌려 집에 왔다. 첫째에게 읽어주니 흥미 있어 했다.

첫째는 도서관을 좋아한다. 어린이집에서 일과 중 동네 작은 도서관이나 새로 생긴 구립도서관에 종종 갔는데 즐거운 기억으로 남았나 보다. 놀이터에서 놀다가도 갑자기 작은 도서관에 들어가자고 조르고, 한 번 들어가면 30분은 거뜬히 책을 읽고 나온다. "주말에 도서관에 가고 싶다"기에 그림책도서관에 데리고 가니 정말 좋아했다. 주말에 키즈카페에 가면 몇만 원은 우습게 깨지는데 도서관은 무료인데다 다양한 책을 읽을 수 있다. 거기에 여름엔 시원하고 겨울엔 따뜻하니 일석삼조다.

주말에 아이들과 뭘 해야 할지 고민하는 부모를 위해 아이와 함께 갈 만한 이색 도서관을 소개한다. 무료로 책을 볼 수 있지만 대출 자격은 도서관마다 다르니 홈페이지 등을 확인해야 한다.

못골 한옥 어린이도서관

서울 강남구 세곡동에 전통 한옥 양식으로 지은 구립 어린이도 서관이다. 조선 후기 성리학자 윤증의 고택을 재현해 운영하려던 한옥 체험관을 지역주민의 의견에 따라 복합문화공간인 한옥 어린이 도서관으로 재단장했다. 대지면적 3704㎡, 건축면적 373㎡의 지상 1층, 한옥 5개 동 규모다. 도서관 안채는 어린이들이 누워서 책을 볼 수 있는 열람실과 자료실, 사랑채는 전통문화 프로그램 공간, 곳간채 는 자기계발 시리즈 특강 등 다양한 프로그램 운영을 위한 멀티미디어실로 꾸며졌다. 넓은 앞마당과 후원은 도서관 주변 공원과 연계해 전통 놀이 체험과 계절별 자연 놀이 활동 공간으로도 활용된다.

서초구 그림책도서관

서울 서초구 서리풀문화광장에 위치한 그림책 도서관이다. 그림책만 8500여 권을 보유하고 있다. 어린이도서관이 인근 지역 아파트 재개발로 문을 닫게 돼 '새 어린이 도서관을 지어 달라'는 민원이 쇄도하자 주민들의 요구를 반영해 만들어진 곳이다. 폐관한 어린이 도서관에서 서쪽으로 약 2.2㎞ 떨어진 곳에 컨테이너 박스 두 개를 이어 지었다. 한글뿐 아니라 영어 그림책도 있다. 2층에서는 신발을 벗고 누워서 책을 볼 수도 있다. 서울의 크고 작은 공공 도서관(시립·구립) 181곳 중 그림책만 모아둔 도서관은 이곳이 처음이다. 서울 시민 누구나 5권까지 그림책을 빌릴 수 있다.

삼청공원 숲속도서관

삼청공원 안에 위치한 삼청공원 숲속도서관은 종로구의 13번째 작은 도서관으로 북카페형 열린 공간이다. 낡고 오래된 매점을 리모델링했다. 1층에는 독서와 차 한 잔의 여유를 누릴 수 있는 북카페가, 지하에는 방처럼 꾸민 열람실이 있다. 지하 열람실에 신발을 벗고 들어가 앉아 탁 트인 유리창 너머로 보이는 숲을 감상하며 책을 읽을 수 있다. 유아열람실도 따로 마련돼 있다. 역사놀이터, 세밀화 그리기 등 지역주민의 참여로 다양한 체험과 학습 활동도 진행된다. 도서관 주변에 삼청동길, 삼청공원 유아 숲 체험장, 놀이공원 등 아이들을 위한 시설이 있어 가족이 산책과 휴식을 하기에도 좋다.

마포중앙도서관

마포중앙도서관은 서울 시내 구립도서관 중 규모가 가장 크다. 성산동 옛 마포구청사 용지에 450억 원을 들여 지하 2층~지상 6층 연면적 2만229㎡ 규모로 지어졌다. 10만여 권의 장서는 40만 권까지 늘릴 계획이다. 구상 단계부터 어린이와 청소년 눈높이에 맞춰 설계된 것이 특징이다. 전국 최초로 로봇을 이용한 도서관 안내 서비스와 디지털 신기술 IT 체험관, 소프트웨어 코딩 교육·가상현실(VR) 체험 등을 운영한다. 영어교육센터와 함께 청소년들의 진로 체험을 위한 청소년교육센터도 함께 운영한다. 아이 키우는 부모를 위한 유아자료실, 아이돌봄방, 키즈카페를 비롯해 갤러리, 문화강연방, 세미나실 등은 전 연령층이 이용 가능하다. 영어책 외에 중국, 일본, 러시아, 우즈베키스탄, 타이, 인도네시아 등 10여 개국 어린이책들도 완비돼 있다.

용암어린이영어도서관

전국적으로 지방자치단체들이 운영(일부 위탁)하는 어린이 영어도서관이 꽤 있다. 2011년 개관한 용산구 용암어린이영어도서관도 그중 하나다. 사운드북·팝업북부터 국내에서 접하기 어려운 원서까지 준비돼 있다. 영어책을 읽고 대여하는 공간 외에 자체적으로 레벨 테스트, 북 코칭 서비스, 스토리텔링 수업 등 다양한 영어 프로그램이 운영된다. 지하철 6호선 녹사평역 2번 출구로 나와 걸어서 10분 거리에 있다.

그밖에

경기도에도 색다른 도서관이 많다. 오산 꿈두레도서관은 캠핑과 독서를 결합한 '독서 캠핑'으로 눈길을 끈다. 원통형 캠핑동 4개 등이 마련돼 있다. 이용료는 없지만, 퇴소할 때 독서 소감문 등을 내야 한다. 의정부 과학도서관에는 과학 관련 서적 외에 야간 천체 관측 시설과 천문 우주 체험실이 있다. 무중력 체험실과 4D 입체영상 체험관, 태양계 행성 모형, 유인이동장치 등이 어린이들을 과학의 세계로 초대한다. '만화 특화 도서관'인 부천 오정도서관도 가볼 만하다. 전체 도서의 30%가 만화다. 태블릿PC를 이용해 웹툰도 볼 수 있다. 파주 아시아출판문화정보센터에 위치한 '지혜의 숲'은 장서 50만 권을 보유하고 있다. 독서 후 파주 출판도시를 견학할 수 있는 것도 장점이다.

❖ 색종이 몇 장이면 하루가 뚝딱

미술에는 영 관심이 없던 큰아이가 다섯 살 무렵 들인 취미가 바로 종이접기다. 유치원 가방에 매일 10여 개의 작품을 담아 왔는데, 비행기, 상어, 아이스크림, 팽이, 지갑 등 종류도 다양했다. 테이프가 덕지덕지 붙어 있고 종이접기가 엉성하지만 매일 저녁 가방에서 작품을 꺼내 오늘은 뭘 했는지 설명하곤 했다. 아이스크림과 상어, 지갑 등을 잔뜩 만든 뒤 친한 친구에게 매일 선물하는지, 친구 가방도 우리 애가 만든 작품으로 꽉 차 있다고 했다. 7세 형이 만들어줬다는 전갈은 제법 그럴싸했다. 종이접기에 취미를 붙인 덕에 유치원 적응이 수월했다.

덕분에 아이와 함께 보내는 시간에 뭘 해야 할지 고민하는 내 걱정도 줄었다. 색종이와 테이프만 있으면 시간 가는 줄 모르고 놀 수 있었던 것이다. 비행기를 함께 접거나 색종이로 지갑과 돈을 만들어 마트 놀이를 하기도 했다. 마트 놀이는 특히 아이와 함께 지갑과 돈을 만들고 쓰면서 자연스레 숫자와 돈의 개념을 익힐 수 있어 일석이조다.

색종이 여러 장을 접고 이어 붙여 상어도 만들 수 있고 공룡이나 자동차 등도 만들 수 있다. 가위질을 통해 소근육을 발달시킬 수도 있고, 종이를 찢거나 구기며 스트레스를 해소할 수도 있다. 네모난 종이 한 장으로 할 수 있는 놀이가 많은 데다 새로운 놀이도 계속 만들 수 있어 창의력도 샘솟는다. 종이접기는 비용이 저렴하고 최대한 오래 놀 수 있으며 싫증을 내면 종이접기 내용을 바꾸면 돼 아이와 놀기에 안성맞춤이다.

테이프 커터기와 종이접기 책, 색종이가 든 택배 상자가 도착하
자 정신을 차릴 새도 없이 주말이 흘러갔다. 미세먼지가 많아 밖에
나가기 어려울 때 집에서 종이접기를 하며 시간을 보내보는 건 어떨
까?

"아이와 함께 영화관에 간다고요?"

지인이 다섯 살 된 자녀와 영화관에서 영화를 봤다는 얘기를 했다. 아이와 영화관에 가본 적이 없었던 나는 깜짝 놀랐다. 데이트할 때나 가던 영화관에 아이와 함께 갈 수 있다는 사실에 놀랐고, 두 시간이 넘는 상영시간 동안 아이가 영화를 본다는 사실에 또 한 번 놀랐다. 지인은 아이가 돌이 막 지났을 때부터 아이와 함께 영화관에 다녔다고 했다.

이야기를 듣자마자 우리 부부는 휴가를 내고 둘째를 친정에 맡긴 뒤 첫째와 영화관에 갔다. 난생 첫 영화관 나들이에 신난 아이는 뛸 듯이 기뻐했고 영화관에 나란히 앉은 우리 부부도 설렜다. 영화관에 따라 다르지만 우리가 방문했던 영화관에서는 48개월 미만 어린이의 경우 별도의 관람료를 받지 않았다. 대신 아이를 위해 자리를 내주는 것도 아니어서 상황에 따라 아이를 부모 무릎 위에 앉힌 후 영화를 관람해야 할 수도 있다고 했다.

영화관에는 아이와 함께 영화를 보러 온 가족이 대부분이었다. 갓 돌 지난 아이부터 초등학생까지 연령대도 다양했다. 한글을 아직 모르는 아이를 위해 더빙작을 선택했다. 상영관 입구에 마련된 아이들을 위한 '눈높이 방석'도 준비했다. "엄마, 영화 언제 시작해?" 당시 다섯 살이었던 첫째 아이도 영화가 기대되는 눈치였다.

영화가 시작되자 아이는 흥미로운 표정으로 관람했다. 압도적인 스크린 크기와 음향 덕분인지 지루해하지 않았다. 우리 부부 역시 영화와 아이 얼굴을 번갈아가며 쳐다보기 바빴고 그렇게 30여 분이 흘렀다. 그러나 아이는 곧 "재미없다, 나가자"고 했고 "10분만 더…"를 외치던 나는 영화 시작 1시간 만에 아이와 함께 상영관을 나왔다. 첫 영화 관람에 1시간이나 버텨준 게 어디냐는 생각이 들면서도 끝까지 영화를 못 봐 아쉬웠다.

그날 저녁 첫 영화를 본 소감을 이야기하며 맛있는 저녁을 먹었다. 이후에도 아이는 "영화관에 또 가고 싶다"고 했다. 첫 영화관 나들이가 좋은 기억으로 남았던 것 같다. 다음엔 둘째도 꼭 함께 데려가기로 마음먹었다.

Tip 아이들과 함께 가보기 좋은 영화관

요즘은 아이들과 부모가 함께 영화를 볼 수 있는 영화관들도 많다. 서울 송파구 제2롯데월드 내에 있는 '롯데시네마 월드타워' 영화관의 '씨네패밀리관'이 대표적이다. 기존 좌석들 뒤에 가족끼리 관람을 할 수 있는 방을 네 개 만들어 두었는데, 아이들이 떠들거나 돌아다녀도 다른 관객들에게 영향을 미치지 않아 아이들과 편히 영화를 즐길 수 있다. 직접 볼륨 조절도 가능해 아이들이나 부모님과 함께 와서 영화 관람하기 적합하다.

CGV는 어린이 전용 상영관 '시네키즈'를 운영 중이다. 어두운 곳을 싫어하는 어린이들의 특성을 고려해 밝은 환경에서 영화를 관람할 수 있도록 고선명 스크린을 장착했다. 좌석도 어린이 체형에 맞게 설치했다. 주말에 아이와 함께 갈 수 있는 공간들이 늘고 있어 더없이 반갑다.

❖ 만 36개월 미만 유아, 놓치기 아까운 혜택 총정리

호텔, 놀이공원, 워터파크, 뷔페 등 아이가 36개월 미만이라면 공짜로 즐길 수 있는 곳들이 생각보다 많다. 대부분 36개월을 기준으로 36개월 미만 또는 36개월 이하의 아이에게 무료로 혜택을 제공하고 있기 때문이다. 36개월 이전의 아이에게 제공되는, 놓치기 아까운 혜택들을 정리했다. 이런 혜택들만 잘 찾아보아도 주말 시간 때우기는 어렵지 않을 것이다.

첫 번째는 호텔이다. 36개월 미만의 아이는 '유아'로 보고 숙박 관련 비용을 따로 부과하지 않는 호텔이 많다. 36개월의 아이는 호텔에 따라 유아일 수도, 어린이일 수도 있으니 유아와 어린이의 기준을 잘 살펴 예약하는 것이 좋다.

놀이공원은 36개월 미만의 아이에게 무료입장의 혜택을 제공한다. 롯데월드와 에버랜드, 서울랜드가 그렇다. 특히 서울랜드는 보호자가 자유이용권을 구매한 경우 36개월 미만의 아이는 티켓을 구매하지 않아도 놀이기구 이용이 가능하다. 다만 키 제한 등으로 아이가 탈 수 있는 놀이기구는 많지 않다. 롯데월드에서는 보호자가 자유이용권을 구매한 경우 아이들이 회전목마와 모노레일 등 몇 가지 놀이기구를 공짜로 이용할 수 있다. 에버랜드에서는 유아전용 놀이기구를 이용할 경우 5000원 상당의 이용권을 구매해야 한다. 세 남매를 둔 지인은 아이가 36개월이 되기 직전에 놀이공원 연간회원권을 미리 끊어두면 좋다고 귀띔했다.

자주 가기엔 요금이 부담스러운 아쿠아리움도 36개월 미만의 아이에게는 무료입장 혜택을 제공한다. 코엑스 아쿠아리움, 롯데월드 아쿠아리움, 한화 아쿠아플라넷 모두 동일하게 적용된다. 단 롯데월드 아쿠아리움은 어른 1명당 유아 1명에 한해 무료입장할 수 있어 유아 인원 초과 시 어린이 요금이 부과된다.

사계절 내내 즐길 수 있는 워터파크 역시 36개월 미만의 아이는 무료로 이용할 수 있다. 캐리비안 베이, 오션월드, 원마운트 모두 해당된다. 3만~5만 원 상당의 입장권을 사지 않아도 되니 아이와 즐거운 시간을 보내면서 경제적 부담도 덜 수 있다.

빕스 등 뷔페도 36개월 미만의 아이라면 무료로 식사할 수 있다. 레스토랑에 따라 36개월 이하의 아이도 무료입장이 가능하니 사전에 확인하고 가는 게 좋다. 단, 이 같은 혜택을 받기 위해서는 건강보험증 등 나이를 확인할 수 있는 서류를 지참해야 한다.

✦ 아이와 비행기 탈 때 알아두면 좋은 꿀팁

전 세계적으로 코로나19의 엔데믹(감염병의 풍토병화) 전환이 속도를 내면서 여행을 계획하는 가정이 늘고 있다. 어린 자녀와 처음으로 비행을 할 때 알아두면 도움이 되는 팁을 소개한다.

우선 감기약이다. 일본이나 중국 등 비행시간이 1~2시간으로 짧다면 문제없지만 4시간 이상 비행기를 타야 하는 경우 기내에서 아이가 울거나 떼쓸까 봐 걱정하는 부모가 많다. 장거리 비행을 앞두고 있다면 여행 전 소아과를 방문해 감기약을 받아 가면 도움이 된다. 수면 유도 성분이 들어 있는 감기약이 장거리 비행으로 인한 아이의 괴로움을 덜어줄 수 있기 때문이다. 감기약은 해외여행 시 상비약으로 준비해도 좋다.

사탕이나 껌, 젖병 등도 미리 준비하자. 갑작스러운 기압 변화에 아이가 귀 통증을 호소할 수 있어서다. 이착륙 직전에 미리 사탕을 먹도록 하거나 유아의 경우 젖병을 물리면 도움이 된다. 물을 마시는 것도 좋다.

공항에서 신속한 탑승 수속 서비스를 이용할 수도 있다. 인천국

제공항은 교통약자와 사회적 기여자의 출국 편의를 돕기 위해 '출국 우대 서비스'를 운영하고 있다. 고령자, 유소아, 임산부 등에 제공하는 서비스로 만 7세 미만의 유소아는 최대 3인의 동반자와 함께 교통약자 우대 출구를 이용해 빠르게 탑승 수속을 밟을 수 있다. 고령자와 유소아는 우대 출구 입구에서 여권을 제시하면 되고, 임산부나 장애인은 항공사 체크인 시 증빙자료를 보여주고 교통약자 스티커를 받아 우대 출구를 이용하면 된다.

항공사의 다양한 서비스를 알아두는 것도 유용하다. 대부분의 항공사는 유아용 요람, 시트, 기내식 등의 서비스를 제공한다. 유아 요금으로 탑승한 아기(만 24개월 미만으로 성인 운임의 10%만 내고 국제선을 이용하는 아기)는 좌석이 따로 없기 때문에 미리 유아용 요람을 신청하는 게 좋다. 출발 48시간 전까지 신청한 탑승객에 한해 소량 제공되기 때문에 서둘러 예약해야 한다. 대한항공은 키 75㎝·몸무게 11kg 미만, 아시아나항공은 키 76㎝·몸무게 14kg 미만 아이에게만 바구니를 내준다. 점유 좌석을 구매한 만 2세 미만 유아 고객에게는 사전 예약자에 한해 유아용 시트를 제공한다.

비행기 내 아이 먹거리가 걱정된다면 유아용 기내식을 미리 신청하자. 출발 24시간 전까지 홈페이지 또는 항공사 서비스센터를 통해 신청 가능하다. 대한항공의 경우 24개월 미만의 유아에게 이유식과 주스 또는 유아용 아동식을 제공한다. 만 24개월 이상~12세 미만 아동에게는 불고기 볶음, 치즈 스파게티 등 아동식을 제공한다. 분유 서비스는 중단됐다. 아시아나항공은 유아식, 이유식, 어린이 기내식 중 성장에 맞는 식사를 선택할 수 있게 했다. 미리 예약하지 않으면 일반식을 먹어야 한다.

임신 중이라면 임신 주수에 따라 항공여행 여부가 갈린다. 임신 32주 미만은 제한 없이 자유롭게 여행할 수 있고, 임신 32~36주는 탑승수속 시 건강 상태 서약서를 제출해야 한다. 임신 37주 이상(다태 임신은 33주 이상)은 비행기 탑승이 불가하다.

이 밖에 유모차 무료 대여, 기내 아기 띠 대여 등 다양한 서비스가 제공되니 항공사 홈페이지를 잘 살펴보면 도움이 된다.

5
육아는 장비빨

∴ 영유아기 꼭 필요한 '국민 장난감' 5가지

아기를 낳고 한동안은 월령별로 어떤 장난감이 좋은지 자주 검색하곤 했다. 육아 커뮤니티를 수없이 들락거리며 알아보던 차에 '국민 장난감'이라는 단어를 처음 접했다. 아기가 있는 집이라면 대부분 하나씩 가지고 있을 만큼 대중화된 장난감을 지칭하는 말로 엄마들 사이에선 '효자템'으로 통한다. 한시도 엄마와 떨어지지 않으려는 아기들의 주의를 끌어 엄마에게 달콤한 휴식을 주기 때문이다.

온라인 커뮤니티에서 '국민 장난감'으로 통용되는 장난감 다섯 가지를 직접 사용해 봤다. 국민 장난감을 직접 써보니 가히 '국민'이라는 수식어가 붙을 만했다. 아기는 호기심과 놀라운 집중력으로 장난감을 가지고 놀았고 엄마에게는 적게는 30분, 많게는 1시간의 휴식 시간이 주어졌다. 이 시간에 끼니를 해결하거나 젖병을 소독하거나 씻는 게 전부였지만, 머리 감다 말고 우는 아기 달래러 젖은 머리를 주체하지 못하고 거실로 뛰쳐나가본 경험이 있다면 이 짧은 시간이 얼마나 소중한지 공감할 것이다.

타이니러브 모빌

출산 후 가장 먼저 접하는 장난감은 '국민 모빌' 타이니러브 수더앤 그루브다. 재즈, 클래식 등 6개의 음악 카테고리에 16곡이 담겼다. 동물 인형이 원을 그리며 돌고 40분 동안 끊김 없이 새로운 음악이 재생돼 지루하지 않다. 대개 생후 30일경 흑백 모빌에서 타이니러브 모빌로 갈아타는데, 아기가 모빌을 보며 '논다'는 생각이 드는 건 50일 즈음부터다. 아기가 뒤집기를 시작하기 전까지 약 6개월 동안 집중적으로 사용할 수 있다. 매일 틀어줘도 싫증 내지 않는다. '모빌 덕에 설거지했다', '머리를 감을 수 있었다', '샤워도 했다', '잠깐 누워 있었다'는 후기가 빗발칠 정도로 부모에게 잠깐의 꿀휴식을 선물한다. 다만 아이의 폭풍 성장을 감안하면 사용 시기가 짧다는 단점이 있다. 아이들 장난감 대부분이 그렇듯 아무리 길어도 6개월 이상 사용하긴 어렵다. 아기침대에 고정해 쓰거나 모빌 거치대와 함께 사용하기 때문에 휴대하기 좋은 편은 아니다. 인터넷 최저가는 모빌 거치대를 포함해 5만 원대다.

피셔프라이스 아기체육관

두 번째는 '국민 아기체육관'인 피셔프라이스 아기체육관이다. 100일 선물로 많이 추천된다. 아기가 손을 뻗고 발차기를 시작할 때부터 가지고 놀 수 있어 50일부터 사용해도 좋다. 발을 차면 피아노 건반에서 재미있는 소리가 나오고, 누워서는 거울과 다양한 동물 모형을 볼 수 있다. 앉아서 피아노 건반을 두드릴 수도 있어 꽤 오랫동안 가지고 놀 수 있다. 무겁지 않아 휴대도 편하다. 인터넷 최저가는 3만 원대다. 다섯 가지 장난감 중 큰아이가 가장 오래, 재밌게 가지고 놀았다.

에듀볼

세 번째는 에듀볼이다. 생후 6~8개월경 아기가 혼자 앉을 수 있을 때 가지고 놀 수 있다. 주사위 모양으로 돼 있어 6개면의 6가지 놀이를 다양하게 즐길 수 있다. 피아노 음악놀이, 전화 놀이, 바다 미로놀이 등 여러 놀이 중 피아노 음악놀이가 요긴했다. 15곡의 동요가 들어 있어 수시로 동요를 들려주며 따라 불렀다. 아기가 심심해할 때 에듀볼을 쥐여 주면 30분은 거뜬히 혼자 가지고 논다. 인터넷에서 3만 원대 중반에 판매된다.

쏘서 or 점퍼루

'쏘서'와 '점퍼루'는 양대 산맥을 이루는 장난감으로 10만 원대를 훌쩍 넘는 가격에 부피도 상당히 크다. 나는 그중에서도 이븐플로 엑서쏘서 트리플펀 아마존을 사용했다. 생김새는 보행기와 유사하나 바퀴가 없다. 대신 의자가 360도 회전해 다양한 장난감을 만질 수 있고 제자리에서 뛸 수도 있다. 목과 허리를 스스로 가누고 혼자 앉아있을 수 있을 때인 6개월 경부터 돌 전까지 사용할 수 있다. 쏘서를 이용해 본 지인은 "호기심이 많은 아기가 어디 가지 못하게 묶어두는(?) 맛이 일품"이라며 "달려 있는 장난감도 많아 아이가 싫증을 덜 낸다"고 말했다. 아이가 뛰는 것이 싫은 경우에는 장난감을 중심으로 빙글빙글 도는 '어라운드 위고'를 사용하기도 한다.

피셔프라이스 러닝홈

마지막 국민 장난감은 '국민 문짝'으로 불리는 피셔프라이스 러닝홈이다. 아기가 기어다닐 때부터 가지고 놀기 시작해 늦게는 세 살까지 가지고 노는 '장수 장난감'이다. 첫째 아들이 세 살까지 잘 가지고 놀던 장난감이다. 아기 발달에 따라 세 단계로 구성돼 단어나 음악 등이 다르게 나온다. 까꿍 놀이, 숫자 놀이, 블럭 놀이 등을 즐길 수 있다. 쏘서와 함께 부피가 크다는 게 단점 아닌 단점이다. 인터넷 최저가는 11만 원대다.

육아는 '장비빨'이라는 말이 있다. 장난감을 비롯해 젖병소독기, 휴대용 유모차 등 육아를 도와주는 도구가 많으면 많을수록 육아가 수월해진다는 것이다. 아이 키우는 부모에게 꼭 필요한 육아용품을 소개한다.

아기 띠

출산 후 관절이 약해져있는 상태에서 하루 종일 아이를 안고 있어야 하는 일은 생각보다 많이 고되다. 다행인 건 혼자서도 매기 쉽게 만들어진 개량형 포대기 등 각종 아기 띠가 종류별로 잘 나와있다는 것. 신생아 전용 아기 띠에서부터 가볍고 휴대성이 좋은 슬링형 아기 띠, 아기가 혼자 앉기 시작한 이후부터 사용하는 힙시트까지 시기와 취향에 맞는 제품들을 다양하게 골라 사용할 수 있다. 그중에서도 신생아 전용인 베이비뵨 오리지널 아기 띠는 출산을 앞둔 지인들에게 꼭 추천하는 품목이다. 다만 아이 체중이 11㎏ 이상으로 늘면 다른 아기 띠로 바꿔 줘야 해서 사용기간이 짧다. 출산 선물로 받거나 중고로 사는 게 좋다는 생각이다.

젖병소독기

열탕 소독에 익숙한 친정엄마는 탐탁지 않아 했지만 젖병소독기는 초보 엄마·아빠에게는 밤잠을 조금이나마 늘릴 수 있는 여유를 선사한다. 밤에 젖병을 세척해 젖병소독기에 넣고 '시작' 버튼만 누르면 새벽이든 아침이든 뽀송뽀송하게 건조된 젖병을 쓸 수 있다. 젖병뿐 아니라 치발기, 수저통, 장난감 등도 소독할 수 있다.

점보의자(범보의자)

어느 정도 목과 허리를 가누게 됐다면 아기의자에 도전해 보자. 엄마 무릎 위에 앉혀 놓지 않아도 안정적으로 아이가 앉아 장난감을 가지고 놀 수 있다. 식판이 달려 있어 이유식도 먹일 수 있다. 음식물이 묻어 의자가 지저분해졌다면 물로 의자를 헹궈도 좋다. 바퀴가 달린 의자를 구입한다면 활용도는 배가 된다. 큰아들은 의자 손잡이에 끈을 달아 좌우로 흔들어 주면 밤잠을 잘 잤다. 비교적 작고 간편해 트렁크에 넣고 다니면서 음식점에 아기 의자가 없을 때 아기 의자 대용으로도 잘 썼다.

휴대용 유모차

안정적이지만 무거운 디럭스 유모차와 달리 가볍고 편리한 휴대용 유모차는 대부분 돌 전후에 구입한다. 신생아 때처럼 흔들림에 민감하지도 않고 외출이 잦아지는 시기에 사면 유용하다. 핸들링, 무게, 자동 폴딩, 가격대 등 원하는 사양에 따라 선택할 수 있는 종류도 다양하다. 백팩처럼 유모차를 어깨에 메고 다닐 수도 있고, 기내용으로도 제격이다.

아기 비데

하루에도 몇 번이나 대소변을 보는 아이를 돌보다 보면 손목에 무리가 가기 십상이다. 세면대에 부착해 쓰거나 거실에 눕혀서 쓸 수 있는 아기 비데는 엄마의 손목을 보호해 주고 아이에게도 편안함을 선사한다. 직접 사용해 본 적은 없으나 아기 비데를 사용한 지인의 말에 따르면 아기 비데가 없으면 아기 대소변을 치워주기 힘들 정도로 편리하다고 한다.

✦ 육아용품, 중고도 괜찮아요

둘째 출산 예정일이 다가오면서 중고품을 사고파는 온라인 커뮤니티를 수시로 들락거렸다. 아기침대를 사기 위해서다. 짧게는 4개월, 길게는 6~7개월 정도 사용하는 아기침대를 수십만 원 들여 사기엔 부담이 됐다. 부피도 커 사용이 끝나면 보관할 장소도 마땅치 않았다. 사용 기간이 짧다는 얘기를 익히 들어 첫째 때는 아기침대 없이 생활했는데 사내아이라 몸무게가 제법 나가 허리가 아팠다. 그래서 둘째는 중고 아기침대를 사용하기로 결정했다.

다양한 제품 중 어떤 것을 살지 결정한 뒤 해당 침대가 온라인 커뮤니티에서 거래되는지 확인했다. 유아용품은 사용 기간이 짧고 부피가 큰 것이 많아 중고거래가 활발한 편이다. 아기가 깨끗이 사용해서 그런지 상태도 꽤 좋다.

밤마다 눈에 불을 켜고 커뮤니티를 뒤지다 마음에 드는 침대를 발견했다. 판매자가 아기 때문에 운신하기가 어려운 데다 침대 부피도 커 8만 원에 직거래하기로 했다. 새 제품은 약 20만 원이다.

만삭의 몸으로 차를 끌고 가는 길에 별별 생각이 들었다. 판매자 남편이 대신 전달해 준다는데 혹 침대를 미끼로 한 사기는 아닌지, 교환·환불이 안 되는데 사진과 다르면 어떡하나 등이다. 대학생 때 헌책 몇 권을 제외하곤 중고품을 사서 쓴 적이 없어 걱정이 더 많았다. 다행히 별일 없이 침대를 받아왔다.

원목 침대가 아닌 이동식 침대다 보니 침대를 분리해 직접 세탁하는 게 번거로웠지만, 침대 상태나 가격 등이 대체적으로 만족스러웠다. 내친김에 신생아 때 잠깐 쓰는 아기 띠도 중고로 반값에 구입해 잘 썼다. 중고라고 하면 주변 사람들이 놀랄 정도로 새 제품 같았다. 역시 직거래했는데 낮에 여성분이 직접 물건을 건네줘 안심하고 받았다.

부모라면 하루가 다르게 자라는 아기에게 필요한 물건을 사주다 어느 순간 카드 명세서에 적힌 금액에 놀란 경험이 한 번쯤 있을 것이다. '이거 하나쯤이야' 하는 생각에 산 장난감과 아기용품들이 모여 수십만 원, 수백만 원에 이르다 보니 마냥 새 제품만 고집할 수도 없는 노릇이다. 중고품으로 눈을 돌리면 보다 저렴한 가격에 같은 제품을 이용할 수 있다.

Tip 육아 용품 중고 거래 어떻게 하지?

최근에는 온라인 커뮤니티뿐 아니라 모바일 애플리케이션을 통한 중고품 거래도 활성화돼 있어 마음만 먹으면 싼값에 원하는 물건을 얻을 수 있다. 온라인 커뮤니티의 다양한 안전장치에도 불구하고 사기를 당할까 봐 의심된다면 서울시가 지정한 공유 서비스 업체를 이용하는 것도 방법이다. 서울시는 아이베이비에서 아기 장난감, 옷, 육아용품 등 중고 제품을 나눌 수 있도록 지정해 두었다. 전자상거래가 부담스럽다면 아파트 단지나 지방 자치단체 등이 주최하는 벼룩시장을 이용해도 좋다.

넓지는 않았지만 둘이 살기엔 적당한 집이었다. 안방엔 침대, 거실엔 소파, 부엌엔 냉장고와 식탁 등 적재적소에 필요한 것만 있었다. 현관에 들어섰을 때 거실이 휑해 보인 적도 있었다. 쿠션을 좀 더 살까, 액자를 사서 벽에 걸까 이런저런 궁리를 하기도 했다.

아이 하나일 때도 그럭저럭 살 만했다. 인테리어를 해치는 장난감이 하나둘 늘어갔지만 상관없었다. 눈에 넣어도 아프지 않은 아이가 필요로 하는 것인데 인테리어가 대수냐 싶었다. 아이의 급격한 성장만큼이나 장난감도 급격히 늘었고 언젠가부터 장난감이 거실을 점령하기 시작했다.

아이가 둘이 되니 슬슬 집이 좁게 느껴졌다. 정리하면 다시 어질러놓기를 반복했다. '마음껏 놀라'는 마음으로 장난감을 치우지 않으면 발에 장난감이 차여 걸리적거렸다. 미니멀리즘에 대한 책도 읽어봤지만 수납가구 자체가 짐으로 느껴져 부담스러웠다.

아이가 잠깐 사용한 물건들이라 중고로 팔기도 했지만 복직하고서는 그마저도 부담이 됐다. 온라인 중고거래 커뮤니티에 물건 사진을 찍어 올리는 것부터 구매 희망자와 연락해 일정을 조율하고 실제로 물건을 건네기까지 너무 많은 에너지가 소모됐다.

그러던 찰나 다양한 물품을 다양한 방식으로 기부할 수 있다는 사실을 알게 됐다. 소득공제가 되고, 필요한 사람에게 필요한 물건을 줄 수 있어 일석이조다. 살림이 늘어 좁아진 집 때문에 고민이라면 필요 없는 물건을 기부해 보는 것이 어떨까? 기부 물품과 방법을 소개해 본다.

안 입는 옷은 비영리법인 '아름다운 가게'나 '옷캔'에 기부할 수 있다. 아름다운 가게 매장을 방문해 직접 기증할 수 있고, 세 박스 이상 기부하는 경우 방문 수거가 가능하다. 기증품은 매장에서 판매되고 판매 수익금은 이웃을 돕는 데 쓰인다. 옷캔 역시 방문 기부와 택배 기부 모두 가능하다. 어린이집 가방을 포함해 신발, 벨트, 인형, 의류 등 모두 기부 가능하다. 아름다운 가게는 안 읽는 책뿐 아니라 테이블이나 협탁 등 소형가구나 실내 운동기구, 주방잡화 등의 기부도 가능하다.

안 입는 정장은 '열린옷장'에 기부할 수 있다. 비싼 돈 주고 산 정장이라 버리기엔 아깝고, 놔두자니 체형이 변해 다시 입을 일이 없을 것 같고…. 옷장 공간만 차지하는 정장은 비영리단체 '열린옷장'에 기부해보자. 열린옷장은 유행이 지난 정장을 리폼과 수선을 통해 되살려 취업 준비생 등 정장이 필요한 사람에게 저렴한 가격에 대여해 준다. 대여를 통해 발생한 수익은 기초수급자 면접의상 지원, 취준생 증명사진 촬영 지원, 비영리단체 '십시일밥'을 통한 대학생 식권 후원 등 다양한 나눔 사업에 사용된다.

부피가 큰 가전제품은 한국전자제품자원순환공제조합의 폐가전 무상 방문 수거 서비스를 이용해 보자. 수수료를 내지 않아도 수거 기사가 가정을 방문해 폐가전을 수거해간다. 인터넷, 모바일, 전화 등 다양한 방법으로 사전예약이 가능하다.

Chapter 3

나도 꿈이란 걸
꿔도 될까요?

!
다시 일터로 돌아가기 전에

✛ 아기 백일·돌잔치 어떻게 준비해야 할까?

'임신 사실을 안 직후에는 산후조리원 예약을, 출산 직후에는 돌잔치 장소 예약을 해야 한다'는 얘기가 있다. 그 정도로 아기 백일잔치와 돌잔치를 준비하는 과정이 만만치 않다는 것이다. 지인들을 모두 초대하기보단 가족끼리 오붓하게 축하하는 자리로 트렌드가 바뀌었다지만 준비하는 엄마 입장에선 인원수 외엔 준비 과정에서 줄어든 게 없다. 아기 기념일 준비에 고민인 초보 엄마들을 위해 첫째 100일과 돌을 어떻게 기념했는지 내 경우를 소개한다.

나는 백일잔치와 돌잔치 모두 가족끼리 간소하게 치렀다. 다만 양가 어르신을 모시고 치렀던 백일잔치와는 달리, 돌 때는 이모, 사촌동생 등 가까운 친척도 초대했다. 강남에서 한정식집을 운영하는 지인이 있어 백일잔치는 장소 고민 없이 이곳에서 치렀고, 돌잔치는 집 근처 호텔 뷔페에서 했다. 아기가 어린 데다 대가족이 움직여야 해 집과 가까운 곳으로 장소를 정했다.

장소를 정해 예약했다면 절반쯤 준비가 끝난 셈이다. 사진 촬영과 백일상·돌상 준비, 기념일에 입을 옷만 준비하면 된다. 돌잔치 때에는 손님들에게 아이의 성장 과정을 보여주는 동영상을 제작해 틀기도 한다. 예전에는 이런 영상 제작에만 수십만 원씩 쓰는 경우도 있었지만 요즘은 스마트폰으로 쉽고 간편하게 직접 만들 수 있다.

돌 사진은 사진관 대신 스냅을 택했다. 돌잔치 전 과정을 기록으로 남길 수 있을 뿐 아니라 가족들의 모습도 자연스레 담을 수 있어 가족사진을 따로 찍을 필요가 없기 때문이다. 마침 하얀 눈이 내려 호텔 밖 정원에서 야외촬영도 했다.

백일상과 돌상을 준비하는 것은 꽤 번거롭다. 상 위에 올릴 것들을 모두 직접 준비할지, 업체에서 대여할지, 업체에서 나와 직접 상을 차려주도록 할지 등을 결정해야 하기 때문이다. 직접 준비할 경우에는 할 일이 더 많다. 어떤 걸 상에 올릴지 결정해 하나하나 구입해야 한다. 나는 백일상에는 떡만 주문해 올렸고, 돌상은 대여했다. 돌상을 대여하자 업체 직원이 호텔에 나와 직접 상을 차려주고 간단히 사회도 봐줬다.

기념일에 양복을 입을지 한복을 입을지는 부모 마음에 달렸다. 나는 백일잔치 때는 양복을, 돌잔치 때는 한복을 입었다. 결혼할 때

맞춘 한복을 꺼내 입는 경우도 많지만, 나는 아이 한복을 포함해 모두 빌려 입었다. 한복 대여 전문점을 이용했는데 집에서 사이즈를 재 치수를 입력하면 한복이 집 앞으로 와 매우 편리했다. 35만 원에 세 식구 한복을 해결했다.

사실 아기 기념일 챙기는 데는 정답이 없다. 잔치에는 누구를 초대하고 상에는 무엇을 올리며 답례품은 무엇을 할지 등은 부모가 정하기 나름이다. 집안 사정에 맞게 예산을 정한 후 정해진 한도 내에서 잔치를 준비하는 게 합리적이다. 아기가 백일·돌까지 건강히 잘 자란 것을 기념하고 일가친척에게 인사시키며 아이의 평안을 기원하는 자리로 삼는, 기념일 본연의 의미를 되새기며 준비하는 게 무엇보다 중요하다.

작은아이 돌잔치는 고작 열흘 전에 준비를 시작했다. 발등에 불이 떨어지면 그제야 일을 시작하는, 벼락치기는 내 고질병이다. 돌잔치를 벼락치기로 준비해 보니 돈만 있으면 안 되는 게 없다는 것을 여실히 느낄 수 있었다. 장소만큼은 마음에 드는 곳을 정해 선점하는 게 중요하지만 나머지는 언제 예약해도 대부분 가능한 것들이었다. 다만 같은 값이면 다홍치마라고 '가성비' 좋은 것들을 선점하기 위해 다들 미리 준비하는 것이다.

첫째 돌잔치 때와 달라진 점이 있다면 남편과 분업을 했다는 점이다. 남편과 함께 알아보니 결정도 빠르고 스트레스도 덜했다. 수많은 업체의 홈페이지를 들락거리고 블로그 후기를 수없이 읽는 노력도 들이지 않았다. 시간이 부족하기도 했지만 경험적으로 도긴개긴이라는 것을 체득했기 때문이다.

결국 돌잔치 준비에서 중요한 건 각 가정의 예산과 빠른 결정이다. 이 과정에 남편이 참여하면 아내의 스트레스는 반으로 줄어든다. 모든 업체를 샅샅이 뒤져보겠다는 욕심을 버리고 합리적인 가격대의 업체를 발견했다면 더 고민하지 말고 예약해버리는 것도 좋은 방법이다.

⁂ 아이 낳고 1년, 수고했어 오늘도

8월 말이 되자 아침저녁으로 바람이 제법 선선했다. 한낮의 태양이 뜨겁긴 하지만 푹푹 찌는 더위는 한풀 꺾였다. '작년 이맘때 내가 아이를 낳았다고?' 불과 1년 전 일이지만 믿기지 않았다. 둘째 출산 2주 전까지 만삭의 몸으로 지하철을 타고 회사에 다녔다는 사실이 꿈만 같았다. 아직도 버리지 못한 임부복만이 내가 임신했었다는 사실을 말해 주었다.

내가 다니던 병원 1층 카페에서는 카페인이 들어가지 않은 커피를 팔았다. 산부인과 검진 갈 때마다 디카페인 커피를 마시는 게 유일한 낙이었다. 둘째라 대부분 남편 없이 혼자 병원에 다녔고 별로 서운하지 않았다. 회사와 병원이 멀어 병원 검진이 있는 날마다 회사에 눈치가 보였지만 속으로 기뻤던 적이 많았다. 대기시간이 길어 의자에 멍하니 앉아 있다가 진료받고 여유롭게 출근하는 시간이 좋았다.

출근시간이 남편보다 조금 늦은 내가 곤히 자는 첫째를 둘러업고 아침마다 친정에 데려다준 뒤 출근하는 일은 쉽지 않았다. 만삭의 몸으로 노트북 가방과 어린이집 가방을 짊어지고 첫째를 안고 내려가 차에 태우는 일은 고됐다. 구내식당에서 저녁을 해결하고 친정으로 퇴근해 첫째를 돌보다 거실에 뻗어버린 만삭의 딸을 오직 친정엄마만 이해해 주는 것 같았다.

하필이면 야근 많은 부서에서 일하느라 일주일에 한두 번 남짓 가족과 시간을 보낸 남편이 가끔 원망스러웠다. "그럴 거면 회사를 그만두라"고 농담처럼 말했지만 당시에는 결코 농담이 아니었다. 회사 다니며 첫째 육아에 둘째 임신까지, 삼중고가 겹친 나는 남편의 절대적인 지원과 지지가 필요했다.

둘째를 상급 종합병원에서 출산한 까닭에 밤늦게 병원 로비를 남편과 돌아다녔다. 링거를 꽂거나 휠체어를 타고 가족들과 어두운 얼굴로 얘기를 하거나 우두커니 텔레비전을 보는 사람들이 애처로워 보였다. 기쁜 일로 이 병원에 있는 사람은 오직 우리와 산부인과 병동 사람들뿐이라는 생각에 어쩐지 마음이 이상했다.

산후조리원에서는 하루에도 수십 번 에어컨을 껐다 켰다. 몸은 더운데 산후풍 걱정이 돼 이러지도 저러지도 못했던 기억이 생생하다. 조리원 창문 너머로 매일 아침 사람들의 옷차림을 보며 계절의 변화를 실감했다. 퇴근 후 식은 디카페인 커피를 들고 나타나는 신랑이 그렇게 반가웠고, 몇 년 동안 보지 못한 드라마를 몰아보며 시간을 보내는 게 즐거웠다.

조리원 생활이 끝나고부터는 시간이 쏜살같이 지나갔다. 아이 둘과 매일 육아 전쟁을 치르다 보면 금세 하루가 지나갔다. 언제 뒤집고 기고 서서 걸어 다니나 싶었던 둘째는 어느새 걸음마를 위한 첫발을 뗐다.

헝클어진 머리에 수유복을 입고 매일 아이와 씨름하며 언제 내 아이가 돌이 될까 생각했는데 그날은 생각보다 일찍 왔다. 생후 6개월도 안된 아이를 어린이집에 보내도 되는 건가 고민했던 게 무색할 정도로 아이는 잘 적응해 주었고, 언제 이가 나서 밥을 먹나 싶었지만 돌 무렵 벌써 이가 8개나 났다. 첫째 장난감을 가지고 놀겠다고 대들며 형을 문다거나, 검지손가락으로 여기저기 가리키며 엄마를 진두지휘하는 모습이 제법 어린이 같다.

돌잔치는 가족들과 간소하게 치렀다. 준비 과정은 힘들었지만 돌잔치를 끝내고 나니 뭔가 후련했다. 이제 나도 사람들이 말하는 '돌 끝맘'이 됐구나, 이제 아이가 제법 커서 손잡고 걸어 다니고 이야기도 하고 밥도 같이 먹을 수 있겠구나 생각하니 시원섭섭했다. 이제 더는 배냇짓을 하지 않고 응애응애 울지는 않겠지만 온 가족 도란도란 이야기하고 넷이 손잡고 걸어 다닐 수 있겠구나 싶어 설레었다.

돌이 지나면 곧 회사로 돌아간다. 어린이집에 다녀온 아이들과 놀이터에서 함께 그네를 타고 집 앞 마트에서 아이스크림을 사먹었던 소소한 일상이 아련한 추억으로 남을 테다. '1년 동안 아이 키우느라 고생 많았다'는 친구의 문자에 가슴이 먹먹했다. 1년 동안 아이도 나도, 고생 많았다.

✤ 오직 휴직 중에만 할 수 있는 소소한 일탈

둘째 유아휴직이 한 달여 남은 어느 날, 네 살 된 첫째의 치과 진료가 있었다. 어린이집에 있는 아이를 잠시 데리고 나와 치과에 갔다. 충치 치료를 해야 해서 걱정이 많았지만 아이는 의사의 지시에 잘 따르며 울지 않고 잘 견뎠다.

곧 점심시간이라 배가 고플 테지만 충치 치료로 한 시간 동안 아무것도 먹을 수 없었다. 집에 가서 시간을 때우다 밥을 먹은 후 어린이집에 보내려다 예술의전당으로 차를 돌렸다. 외출한 김에 둘이 전시회를 보고 맛있는 점심을 먹으면 좋겠다 싶었다. 복직을 한 달 앞두니 흘러가는 시간이 야속했다. 회사에 가면 하고 싶어도 할 수 없는 것들을 하나씩 하기로 했다.

'에르베 튈레 색색깔깔전'을 보러 갔다. 직접 그림을 그려볼 수 있어 보는 것 이상의 기쁨을 줄 수 있으리라 생각했다. 집에서 물감놀이 한 번 해주지 못한 엄마의 죄책감을 이번 기회에 씻어내도 좋다는 듯, 부슬부슬 비가 내렸다. 평일 낮에 예술의전당에 가기는 처음이었는데 주차장이 한산했다.

첫째와 손잡고 로비에 들어섰는데 뭔가 잘못됐다는 생각이 들었다. 티켓 창구에 직원이 한두 명밖에 없었다. 직원 머리 위 알림판의 '정기 휴관'이라는 빨간 글자만이 우리를 반겼다. 한 달에 한 번 있는 정기 휴관일이었던 것이다. 첫째에게 상황을 설명했더니 아이는 "전시회도 밥 먹고 쉬는 거냐"고 반문했다. 마침 점심시간이었다.

예술의전당 내 음식점들도 대부분 휴업했다. 모처럼 아들과 둘만의 데이트를 망치고 싶지 않았다. 동네에 눈여겨봐둔 스파게티 집으로 자리를 옮겨 크림파스타를 나눠먹었다. 빵이 더 먹고 싶다고 해빵집에 들른 후 아이를 어린이집에 데려다줬다. 휴직 중이 아니었다면 해주지 못했을 소소한 일탈에 괜히 기분이 좋았다.

육아휴직 기간 동안 둘째를 어린이집에 맡긴 채 첫째와 세 식구가 에버랜드도 가기도 하고, 친정엄마 찬스로 첫째와 단둘이 롯데월드에도 갔다. 특히 아이들이 매일 놀이터에서 즐겁게 뛰어놀도록 오후 시간을 함께 보낸 것은 휴직 기간 가장 잘한 일이라고 생각한다. 휴직 전에는 육아휴직만 하면 여유롭게 많은 일들을 할 수 있을 것 같은 생각이 들지만 실제로는 그렇지 않다. 오히려 시간에 더 쫓기는 기분도 든다. 그럼에도 어떻게든 짬을 내어 오직 휴직 중에만 할 수 있는 소소한 일들을 꼭 해보기를 권한다.

❖ 복직하기 전 꼭 해야 할 일들

복직이 눈앞으로 다가오니 두 달 전부터 마음이 싱숭생숭했다. 가계에 숨통이 트이는 건 다행이지만 아직도 엄마 손길이 필요한 아이들을 하루 종일 어린이집에 맡길 생각을 하면 마음이 무거웠다. 허리가 안 좋은 친정엄마께 천방지축 사내아이들을 맡길 생각까지 하면 마음은 한결 더 무거워졌다.

직장을 그만둬야 하는 건 아닌지 밤마다 고민하지만 답은 정해져 있다. 엄마의 손길을 필요로 하는 시기는 잠깐일 뿐, 아내도 제 삶을 살아야 한다고 생각하는 남편은 내가 일을 계속하길 바란다. 외벌이 가정으로 사는 현실이 얼마나 팍팍한지는 휴직 기간 몸소 느꼈다. '자아실현이냐, 가족이냐'는 질문을 스스로 수없이 되묻겠지만 복직하기로 마음먹은 이상, 복직하면 하기 어려운 것들을 남은 기간에 하

158

기로 했다.

첫 번째는 병원 진료다. 아픈데 미뤄왔던 게 있다면 복직 전에 치료를 받는 게 좋다. 회사 다니면서 병원에 가는 건 생각보다 쉽지 않기 때문이다. 각종 검진을 받아야 한다면 더 그렇다. 필요하다면 예방접종 등도 미리 하는 게 좋다.

자동차 점검도 반드시 미리 해두어야 할 일 중 하나다. 기회가 있을 때면 자동차 보닛을 열고 엔진룸을 봐주시던 아버지가 "엔진오일을 가는 게 좋겠다"고 해 정비소에 들렀다. 직원은 "늦어도 주행 거리가 1만㎞ 늘기 전에 엔진오일을 교환해야 한다"며 왜 이렇게 늦게 왔느냐고 핀잔을 줬다. 엔진오일은 주행 거리가 늘수록 색이 점점 어둡게 변한다. 맞벌이 부부라면 누군가 휴가를 내고 해야 할 일이다. 내친김에 트렁크를 포함해 차량 내부 세차도 했다. 마음까지 개운해졌다.

아이들을 위한 적금도 만들었다. 1시간가량 걸리는 은행 업무를 근무 중에 보기는 쉽지 않다. 당시 Sh수협은행에서 최고 연 5.5% 금리의 적금 상품을 출시해 엄마들 사이에서 인기가 높았다. 주민센터에서 가족관계증명서와 자녀 기본증명서를 발급받고 도장을 챙겨 은행에 갔다. 매달 10만 원씩 5년 동안 적금하면 약 70만 원의 이자를 받을 수 있다고 한다. 매달 10만 원씩 들어오는 아동수당을 아이들 앞으로 모아두기로 했다.

어린이집에서 늦게 하원하는 연습도 했다. 내가 출근하면 아이들은 저녁 7시까지 어린이집에 있어야 하는데, 갑자기 어린이집에 머무르는 시간이 늘면 힘들어할 수 있어서다. 평소 오후 5시에 하원하던 것을 6시로 늘리니 해가 짧아 금방 어두워지고 친구들과 놀이터에서 놀지 못해 미안했다. 등하원하며 만난 학부모들과 선생님에게 앞으로도 잘 부탁한다는 얘기는 수없이 했던 것 같다.

연례 행사 수준으로 전락한 아침밥도 만들어 먹였다. 출근하랴 애들 어린이집 보내랴 정신이 없어 앞으로 제대로 된 아침밥을 차려주기 어려울 것 같아서다. 건강한 간식 먹일 날도 많지 않을 것 같아 고구마 스틱도 만들어줬다. 남편이 좋아하는 돼지고기 김치찌개도 끓였다. 온 가족이 함께 둘러앉아 집밥 먹을 날이 많지 않을 것 같아서다.

복직을 앞두게 되면 모든 일이 마지막 같고 매 순간이 소중하게 느껴진다. 철 지난 옷과 장난감 정리 등 미처 하지 못한 일도 있었지만 복직한다고 끝난 건 아니니까, 스스로를 다독였다. 복직하던 날, 친한 어린이집 학부모들이 아침부터 커피 쿠폰을 보내줬다. 문자에는 '워킹맘 파이팅'이라고 적혀 있었다. 워킹맘으로서의 삶이 본격적으로 시작된 것이다. 설레고 두려운 마음과 함께.

2

경단녀 vs 워킹맘 선택의 기로에서

❖ 워킹맘의 퇴사 고민

"일하다 그만두신 분들, 후회 없으신가요?"

자주 가는 온라인 카페에 퇴사를 고민 중이라는 한 엄마의 글이 올라오자 순식간에 30여 개 댓글이 달렸다. 젊어서 일자리가 있을 때 일하는 게 좋다는 사람부터 퇴사 후 후회 없다는 사람, 막상 퇴사해 보니 다시 일하고 싶다는 사람, 남편 월급이 충분하면 그만두고 싶다는 사람까지 의견이 분분했다.

일과 육아를 병행하다 보니 살림이 엉망이라 하나라도 집중해 보자는 생각에 직장을 그만뒀는데 막상 아이가 커서 "엄마는 왜 일을 하지 않느냐"고 묻는다는 댓글, 퇴사해 보니 아이는 생각보다 빨리 크고 내 인생이 없어진 것 같아 속상하다는 댓글, 가족을 내려놓을 수 없어 회사를 내려놓았다는 댓글도 있었다. 그만두고 다시 일하고 싶어질 때 직장은 기다려주지 않는다, 엄마가 행복해야 행복한 아이로 키울 수 있다, 완벽주의자가 되지 않고 둘 다 조금씩 내려놓았다면 좋았을 걸 후회된다 등 주옥같은 조언도 이어졌다.

임신했을 때의 갖은 설움, 직장 내 보이지 않는 차별, 일과 가정 양립의 어려움, 아이에게 소홀하다는 죄책감 등으로 워킹맘이라면 누구나 한 번쯤 퇴사 고민을 해봤을 것이다. 퇴근 후 아이들과 즐겁게 놀아주고 싶은데 온종일 일하느라 피곤해 거실에 널브러져 있을 때, 공휴일 근무로 정작 주말에도 아이 얼굴조차 볼 수 없을 때, 계속되는 저녁 약속으로 아이들 자는 모습만 볼 때, 일과 가정 어느 하나 충실하지 못하다는 생각이 들 때 나도 수없이 퇴사를 고민했다.

그럼에도 그만두지 못하는 이유는 두 가지 때문이다. 하나는 대부분의 가정이 그렇듯 경제적인 이유 때문이고, 다른 하나는 남편의 말 때문이다. 아이들이 엄마를 필요로 하는 순간은 어렸을 때 잠깐일 뿐, 엄마도 자신의 인생을 살아야 한다는 것이다. 아이들 때문에 내 인생을 포기하는 것은 아이들도 원치 않을 것이라고 남편은 말했다. 그렇다. 아이들이 자라서 엄마가 필요 없어지는 순간이 오면, 아이들을 위한답시고 포기한 내 인생이 통째로 날아가 버리는 듯한 허무함을 견뎌야 할 텐데, 나는 그럴 자신이 없다. 누구 엄마가 아닌 내 이름 석 자로 나를 소개하며 사람들과 함께 점심을 먹고 내 일을 하는 게 더 좋다.

물론 친정엄마의 지원이 아니었다면 불가능했을 일이다. 그럼에도 맞벌이 부부 중 왜 남편은 하지도 않는 퇴사 고민을 여자들은 해야 하는 건지 사회에 따져 묻고 싶다.

여성가족부가 발표한 '2019년 경력단절여성 경제활동 실태조사'를 살펴보면 육아휴직 제도를 사용한 여성은 3년 전보다 늘었지만, 10명 가운데 6명은 육아휴직 이후 직장에 복귀하지 못하고 있는 것으로 나타났다. 육아휴직 제도를 사용하더라도 절반 이상이 직장에 복귀하지 못하는 것이다. 경력단절 당시 출산 전후 휴가를 사용한 여성은 37.5%, 육아휴직을 한 여성은 35.7%로 2016년과 비교했을 때 각각 14.4%포인트, 20.4%포인트 늘었다. 그러나 휴직 이후 직장으로 복귀했다고 답한 이는 전체의 43%에 그쳤다. 현실적으로 일과 가정의 양립이 어려운 기업 문화와 사회 분위기 때문인 것으로 보인다.

정부는 경력단절을 예방하고 맞춤형 취업서비스를 제공하며 초등돌봄교실을 단계적으로 확대하겠다고 밝혔다. 특히 보육의 공공성 강화를 위해 국공립 어린이집을 확충하고 유치원 방과 후 과정을 확대하는 등 돌봄지원체계를 강화한다고 했다. 정부가 양성평등을 위해 노력하는 점은 가상하나 아쉬운 점이 많다. 국공립 어린이집이 부족해서, 유치원 방과 후 과정이 부족해서 여성들이 직장으로 복귀하지 못하는 것이 아니기 때문이다.

실제 어린이집이나 유치원에 아이를 보내다 보면 풀타임 워킹맘은 나 혼자뿐인 경우가 많다. 맞벌이 부모 전형으로 입소한 아이들조차 오후 4시에 집에 가버리니, 컴컴해질 때까지 홀로 기관에 남아 부모를 기다리는 아이가 눈에 밟힌다. 하원 도우미를 구하기에는 경제적 부담이 크고 회사 일은 회사 일대로 치이고, 어느 하나 제대로 해내지 못한다는 자괴감에 직장을 그만두는 것이다. 하원 또는 하교 후 학원 뺑뺑이를 돌아야 하는 아이들은 또 어떤가. 아동수당 준다고 출산율이 늘지 않듯 국공립 어린이집을 늘린다고 경력단절 여성이 줄지는 않을 것이다. 정부는 꿈 많은 소녀들이 왜 자신의 꿈과 아이들 중 하나를 선택해야 하는 상황에 놓이는 건지, 진정으로 고민해 주길 바란다. 정부는 알고 있을까. 국어사전에 경력 단절 여성을 줄여 이르는 말인 '경단녀'는 등재돼 있지만 '경단남'은 없다는 사실을 말이다.

❖ 워라밸 기업 늘고는 있지만…

생경했다. 보통의 회사들은 출입문을 열고 들어가면 책상이 쭉 늘어서 있는데 이 회사는 그렇지 않았다. 사무실 한가운데 강연장이 있고 그 위로는 카페와 비슷한 분위기의 테이블과 의자가 놓여있었다. 일하는 사람들 모두 자유로운 복장으로 개방형 좌석에서 노트

북으로 일하고 있었다. 창가를 바라보고 앉거나 출입문을 향해 앉는 등 제각각 나름의 좋은 위치를 선점한 듯 보였다.

투명 유리창에 둘러싸인 회의실이 두어 개 보였고 커피와 음료는 누구나 편하게 가져다 먹을 수 있다. 사무실 한편에 널찍한 마룻바닥이 있었는데 점심시간에 이곳에서 요가 강습이나 각종 강연이 진행된다. 사물함과 옷장이 마련돼 있어 개인 짐은 이곳에 보관하고 출퇴근하면 된다.

놀라운 점은 이직률인데 회사에 따르면 이직률이 1%도 안 된다. 2017년 기준 육아휴직 후 복귀율은 100%에 달했다. 아침 7시에 출근해 4시에 퇴근하거나, 8시에 출근해 5시에 퇴근하는 등 출퇴근 시간을 스스로 정할 수 있는 시차출퇴근제 덕분이다. 어린이집이나 유치원, 초등학교 등을 부모가 직접 데려다줄 수 있으니 맞벌이 부부의 큰 장애물 하나를 회사가 걷어준 셈이다. 종합제지회사 유한킴벌리 이야기다.

2016년 유튜브코리아 본사를 방문했을 때도 비슷한 경험을 했다. 9시 미팅이었는데 회사에 사람이 거의 없었다. 직원은 멋쩍었는지 "출퇴근이 자유로워 이른 아침에 출근하는 사람은 많지 않다"고 설명했다. 아이들을 유치원 등에 보내고 출근하는 직원이 상당하다고 귀띔했다. 커피, 음료 등을 마실 수 있는 다용도실에는 아기의자가 놓여 있었고, 실제로 아이를 데리고 오는 직원도 종종 있다고 했다.

회사 다용도실에 아기 의자라니, 미팅이 끝나고 나서도 하루 종일 생각났다. 문화적 충격이었다.

비효율적인 장시간 근로 문화에서 벗어나 일과 생활의 균형을 이루는 '워라밸(Work & Life Balance)' 문화를 선도하는 기업이 늘고 있다. 일하는 방식을 바꿔 업무 효율성을 높이고 직원들은 '저녁이 있는 삶'을 되찾게 된 것이다. 유한킴벌리는 유연근무제 도입으로 직무 몰입도가 14% 늘고 사내 소통지수가 약 30% 상승하는 등 긍정적인 효과를 봤다.

이 밖에도 △시차출퇴근제(회사가 제시하는 근로시간 유형 중 원하는 유형을 선택) △자율출퇴근제(오전 6시~오후 1시 사이 자유롭게 출근해 8시간 근무) △탄력근무제(주당 평균 40시간 근로를 조건으로 일일 근로시간을 스스로 조정) 등 여러 가지 근무 유형을 직원들이 선택할 수 있도록 하는 기업들이 늘고 있다. 직원들이 일과 생활의 조화를 찾을 수 있게 함으로써 업무 효율성을 높이는 것이다. 직원들의 호응이 좋다고 한다.

'한 아이를 키우기 위해서는 온 마을이 필요하다'는 격언처럼 사회가, 회사가 나서서 일과 가정이 양립할 수 있게 돕고 있는 것은 긍정적이다. 하지만 아직 갈 길이 멀다. 취업포털 잡코리아가 직장인 1007명을 대상으로 '유연근무제'에 관해 설문한 결과 10명 중 9명이 '유연근무제 도입에 찬성'한다고 답했지만 실제 도입 기업은 15.3%에 그쳤다. 미국의 '시차출퇴근제' 도입 기업 비율이 81%(2016년 기준)에 달하는 것에 견주어 현저히 낮다.

"육아휴직이 끝나고 복귀한 지 얼마 안 됐다"고 말하는 내게 신문사도 육아휴직을 갈 수 있냐고 반문한 취재원이 있었다. 매출 1조 원이 넘는 업계 1위 그룹이었다. 여성 임원이 있느냐고 물으니 '여장부' 임원이 하나 있다고 했다. 미혼이란다. '워라밸' 문화를 선도하는 기업이 기사화되는 것도, 그 기업을 방문해 생경한 느낌을 갖는 것도 실은 너무 드문 사례이기 때문이다. 임신한 여직원은 출산휴가만 쓰고 돌아오거나 어쩌면 돌아오지 못했을 그 기업의 이야기를 들으니 어쩐지 씁쓸했다.

❖ '출산·육아'로 일을 포기하지 않게 하려면

큰아이가 초등학교에 입학하면서 석 달간 육아휴직을 냈다. 몇 년 만에 회사를 쉬니 건강도 챙기고 모처럼 여유롭게 지낼 수 있겠다고 기대했지만 환상에 지나지 않았다. 온전히 아이를 돌보고 살림을 도맡아 한다는 것은 밖에서 일하는 것보다 어려웠다.

사립 유치원에서는 아침부터 오후 5시 30분까지 아이를 책임져주지만 학교는 그렇지 않다. 일찍 가고 일찍 온다. 입학식 날은 오전 10시에 등교해 낮 12시에 집에 왔다. 공립 초등학교는 입학식 당일에도 종일 아이를 돌봐주는 '돌봄교실'이 문을 열지만 점심은 제공되지 않는다. 맞벌이 부부는 도시락을 준비해야 하는데, 입학 첫날부터 아이를 온종일 학교에 맡기는 것이 마음 가벼운 일은 아니다.

입학식 다음 날부터 아이들은 급식을 먹지만 여전히 '일찍' 온다. 통상 일주일에 사흘은 5교시, 남은 이틀은 4교시를 진행하는데 적응기간을 감안해 학교에서는 3월 둘째 주까지 4교시만 진행한다. 하교시간은 낮 12시 30분이다. 오전 8시 50분까지 학교에 데려다주고 집에 와서 한숨 돌리면 다시 데리러 갈 시간이다. 하루 중 아이가 학교에 가 있는 세 시간 반을 제외하고는 온전히 아이와 하루를 함께 보낸다. 방과 후 수업이 있지만 대부분 오후 2~3시 이전에 끝나고, 맞벌이 부부를 위해 돌봄교실이 운영되지만 4시 30분 이후에는 교실을 바꿔 두 학년이 통합 운영된다. 코로나19 확산 방지를 위해 돌봄교실에서 아이들은 자리에서 학습지를 풀거나 책을 읽는 것이 전부다. 부모의 퇴근시간은 오후 6~7시로 집에 오면 저녁 7~8시다.

챙겨야 할 것도 많다. 매일 알림장과 가정통신문을 확인하고 숙제나 준비물이 있으면 챙겨야 한다. 상황이 이렇다 보니 '영유아기에 잘 버텼더라도 자녀가 초등학교에 입학할 때 직장을 그만두는 엄마가 많다'는 속설이 가히 이해가 됐다. 아이가 돌봄교실에 머무는 시간이 길어질수록 죄책감과 미안함이 마음에 쌓이기 때문이다. 그런 와중에 내 아이만 뒤처지면 안 된다는 교육열도 높아 셔틀버스를 운행하는 학원을 보내기도 하지만 아이 안전과 학업 능력 등이 걱정돼 결국 퇴사하고 마는 것이다.

　실제 통계청에 따르면 직장에 다니다 그만둔 '경력 단절 여성'이 2021년 상반기 기준 145만 명에 가까운 것으로 집계됐다. 이 중 65%는 출산과 육아 때문에 일을 그만둔 것으로 나타났다. 그해 말 통계청이 발표한 상반기 지역별 고용조사 자료를 보면 15~54세 기혼 여성 832만3000명 중 324만 명(38.9%)이 취업을 하지 않은 상태였다. 이 가운데 일을 하다 그만둔 경력 단절 여성은 144만8000명으로 나타났다. 전년(150만5000명)보다 5만7000명(3.8%) 줄었다. 경력 단절 여성 비율은 전년 대비 0.2%포인트 하락한 17.4%를 기록했다. 경력 단절 여성 수가 다소 줄었지만 비중 감소 폭이 크지 않은 것은 인구 감소로 기혼 여성 수 자체가 감소한 영향이라는 게 통계청의 설명이다.

　윤석열 대통령은 저출생 극복을 위해 월 100만 원의 '부모 급여' 신설과 부부 육아휴직 2년에서 3년으로 연장 등 정책을 약속했다. 신생아 1명당 월 100만 원씩 12개월간 총 1200만 원을 지급하겠다는 것이다. 또 부부 합산 최장 2년인 육아휴직 기간을 부모 1년6개월씩 총 3년으로 연장하고, 배우자 출산휴가를 10일에서 20일로 연장하겠다고 했다. 육아 재택근무를 도입하고 '영유아 하루 세 끼 친환경 무상 급식'도 공약했다.

하지만 공약에 '경단녀'를 줄일 뚜렷한 해법은 보이지 않는다. 아빠의 육아휴직 사용이나 엄마의 육아휴직 분할 사용도 쉽지 않은 사회적 분위기 속에서 육아휴직 기간 연장은 숫자에 그칠 공산이 크다. 자녀 1명당 대학 졸업 때까지 들어가는 양육비가 사교육비 때문에 4억 원에 육박한다는 조사 결과(2017년·NH투자증권 100세시대연구소 행복리포트)까지 나온 마당에 1200만 원의 부모 급여 역시 매력적이지 않다. 육아 재택근무 공약도 기업에서 허용해 줘야 하는데 정부 인센티브가 무엇인지 정해지지 않았을 뿐 아니라 기업 재량에 달린 것이라 불확실성이 크다.

경단녀를 줄이려면 아이들이 공교육 범위 안에서 보다 안전하고 질 높은 교육을 받도록 하는 것이 우선돼야 한다. 학교에 돌봄교실과 방과 후 수업이 있는데도 사교육을 찾아 셔틀버스를 타는 이유가 무엇인지 많은 가정의 목소리를 듣는 데서 출발해야 한다. 워킹맘에게 필요한 것은 정부에서 일시적으로 통장에 꽂아주는 돈이 아니라 일과 육아의 양립이 지속 가능하도록 돕는 시스템이다.

❖ 대한민국에서 워킹맘으로 살아남기

"중요한 회사 미팅과 아이 유치원 운동회가 같은 날 잡혔습니다. 당신은 둘 중 하나만 선택해야 합니다. 어느 것을 선택하시겠습니까?"

　공공기관 여성 관리자를 대상으로 진행하는 교육 프로그램 워크숍에 참석할 기회가 있었다. 질문을 받은 한 관리자는 서슴없이 "미팅에 가겠다"고 답했다. 그는 본인 대신 운동회를 참석해 줄 가족을 미리 섭외해놓은 후 미팅에 가겠다고 했다. 난처해하거나 고민하는 기색 없이 그는 곧장 미팅을 선택했다.

　나라면 어떻게 했을까. 가급적 아이 유치원 행사에 참석하기 위해 머리를 굴려보겠지만, 내가 반드시 참석해야 하는 미팅이라면 결국 나도 미팅을 선택했으리라. 유치원 운동회에 참석하고 싶은 마음이 크다는 점에서 '나는 여성 관리자가 되기에 멀었나' 싶다가도, 결국 미팅을 선택할 것 같은 예감이 드는 것을 보니 '나도 어쩔 수 없는 워킹맘이구나' 하는 생각이 들었다. 돌이켜보니 나는 아이 유치원 입학식을 뒤로하고 해외 출장을 떠난 전적이 있었다.

　지방에 있는 근무지와 서울의 집을 오가며 아이를 키워낸 여성 관리자, 워크숍 일정이 끝나는 대로 다시 집으로 돌아가 아이들을 돌봐야 하는 관리자 등 모두가 내겐 한 명 한 명 영웅처럼 느껴졌다. 한 조직에서 20년 이상 일하며 아무도 가지 않은 길을 걸어가 관리자가 된 것 자체만으로도 대단한 일처럼 느껴졌다. 동시에 여성이 관리자가 되는 일이 이렇게 대단하다고 생각할 정도로 희소한 일인가,

하는 생각에 마음이 복잡해졌다.

"하루 중 가장 이야기를 많이 나누는 사람은 누구인가"라는 질문에 "같은 팀 과장"이라고 답하는 모습을 보고 동질감도 느꼈다. 나역시 하루에 가장 많이 이야기하는 사람은 직장 상사다. 육아휴직 때는 옹알이를 막 시작한 아이에게 하루 종일 말을 걸었는데 복직하고부터는 아이와 대화하는 시간이 퇴근 후부터 아이가 잠들기 전까지 고작 두세 시간밖에 되지 않는다. 직장 상사와는 하루 종일 문자를 주고받는 것도 모자라 수시로 전화를 주고받는다.

이번엔 내가 물었다. "애 키우랴, 직장생활하랴, 얼마나 힘드셨나요?" 한 부장이 답했다. "여기 있는 사람 중에 악바리 아닌 사람 없을걸요." 온화해 보이는 모습 이면에는 누구나 악바리 근성이 있을 것이라고, 이 악물고 버텨야 여기까지 오는 거라고 그는 말했다. 이제는 자녀가 성인이 돼 더 이상 책임질 게 없다는 그녀는 그동안의 육아와 양육에서 해방이라도 된 듯 홀가분해 보였다.

✣ 선배 워킹맘들의 조언

"워킹맘은 초 단위로 살지 않으면 안 돼요."

여성 경제인들을 만나 얘기를 나누다 보면 자연스레 워킹맘으로 사는 것에 대해 이야기하게 된다. 내가 워킹맘이기도 하거니와 상대방 역시 육아와 일을 병행하며 지금에 이르렀기 때문이다. 놀랍게도 워킹맘으로 살아남는 방법은 제각각이다.

우선 초 단위로 산다는 한 중소기업 여성 대표의 얘기다. 평생을 주부로 살다가 아이들이 고등학생일 때 창업해 지금은 자식들을 모두 결혼시켰다. 그에게 워킹맘으로 사는 비결을 묻자 하루를 초 단위로 쪼개 쓴다는 대답이 돌아왔다. 여성이, 엄마가 일을 하려면 시간을 쪼개지 않으면 불가능하다는 것이다. 가사와 사업을 병행하려면 시간을 허투루 보내면 안 된다고 했다. 또 가정이 편해야 바깥일도 잘 이뤄진다는 생각에 그는 지금도 퇴근 후 집에 가서 밥을 지어 가족들과 함께 식사한다.

세 명의 자녀를 둔 다른 여성 대표는 워킹맘 생존 비법으로 '내려놓기'를 꼽았다. 일은 일대로, 가정은 가정대로, 학업은 학업대로 해내려니 어느 순간 우울증이 찾아왔고 병원의 도움을 받아 회복하는 과정에서 '내려놓기'를 배웠다고 했다. 그는 조력자를 총동원했고 많이 포기하고 내려놨다. 일하는 엄마가 아이들 아침을 잘 먹여야 한다는 강박을 버리고 상황에 의연해지니 마음이 한결 편해졌다고 했다. 스스로에게 모든 것을 완벽하게 해야 한다고 옭아매지 말라고 조언했다.

한 홍보대행사 여성 임원은 주말마다 아이 친구들을 집으로 초대한다고 했다. 평일에 아이에게 신경을 많이 못 쓰는 만큼 주말에 아이 친구들을 집으로 초대해 같이 어울릴 시간을 만들어준다는 것이다. 평일 오후에 친구들과 어울리지 못해 아이가 소외되지 않도록 주말에 자신의 집을 개방한다고 설명했다. 음식 장만에 청소까지 번거로울 텐데도 그는 워킹맘이 돈과 시간을 더 많이 들여야 한다고 조언했다. 그는 가급적 엄마들도 같이 초대한다고 했다. 엄마들도 누군가에게 초대받고 싶은데 그럴 기회가 없기 때문이라는 것이다.

한 중견기업 부장은 돈으로 할 수 있는 건 돈으로 해결하라고 조언했다. 가뜩이나 아이들 얼굴 볼 시간도 부족한데 퇴근하고 집에 가서 집안일만 하고 있지 말라는 것이다. 로봇청소기, 식기세척기, 의류 건조기 등 기계로 해결할 수 있는 건 기계로 해결하고 그 시간에 아이들과 이야기하고 놀아주라고 했다. 퇴근하자마자 아이들과 놀아주기는커녕 설거지에 빨래에 밀린 집안일만 하면 하루 종일 부모만 기다린 아이들이 너무 속상하지 않겠냐고 했다. 그는 친정어머니나 시어머니 등 가족의 도움을 받을 때는 육아나 교육 방식을 전적으로 조력자에게 일임하라고도 조언했다.

한 공공기관 팀장은 회사 근처에 집을 얻는 것도 방법이라고 했다. 집과 회사를 오가는 시간을 줄여 그 시간에 아이와 더 많은 시간을 보내라는 것이다. 실제 그는 회사에서 걸어서 5분도 안 되는 거리에 산다. 아이가 근처 학교에 다니다 보니 갑자기 아프거나 긴급 상황이 발생하면 점심시간에 짬을 내 급히 일을 해결하고 올 수도 있다는 장점을 강조했다.

남편과의 팀워크도 중요하다. 내 경우 남편과 둘이 당번을 정한다. 야근, 회식 등 저녁 약속이 겹치지 않게 한 달 전 서로의 일정을 조율하고 일정을 달력에 공유해 매일 확인한다. 주말이나 공휴일 근무로 평일에 대체휴가를 사용하는 날이면 아이들을 도맡아 친정엄마에게 자유시간을 드리는 것도 필수다. 온라인 쇼핑으로 장보기 시간을 줄이고, 회사 일을 집으로 싸들고 가지 않는 것도 중요하다.

3
나는 나도 소중해

∵ 엄마도 친구가 필요해

"저는 주말마다 아이 친구들을 집으로 초대해요."

일 때문에 만난 홍보대행사 임원 A씨는 워킹맘으로 사는 비결이 뭐냐고 묻는 내게 이같이 답했다. 평일에 아이에게 신경을 많이 못 쓰는 만큼 주말에 아이 친구들을 집으로 초대해 어울릴 시간을 만들어준다는 것이다. 청소나 음식 장만이 쉽진 않지만 아이를 위해 기꺼이 시간을 낸다고 했다.

그는 가급적 엄마들도 같이 초대한다고 했다. 이유가 인상적이었다.

"엄마들도 누군가에게 초대받고 싶은데 그럴 기회가 없잖아요. 엄마들도 친구가 필요해요."

육아에 외롭고 지쳐 누구라도 붙잡고 얘기하고 싶은데 그럴 기회가 없으니 스스로 나서서 엄마들을 초대한다는 것이다. 다과를 준비해 함께 이야기를 나누며 공감하고 위로하는 것만으로도 육아 스트레스가 풀린다고 했다. 둘째 출산 후 육아휴직 기간 동안 아이 친구들의 엄마를 사귀기 위해 놀이터를 서성이던 내 모습이 머릿속을 스쳐 지나갔다.

내 주변에는 엄마가 된 친구가 거의 없었다. 친구들보다 일찍 결혼하고 아이를 낳은 탓에 임신·출산·육아 기간 동안 늘 혼자였다. 물려받을 장난감도 없었고 육아 정보는 인터넷 카페를 통해 얻는 게 전부였다. 첫째가 생후 6개월이 됐을 때 문화센터 음악 수업을 수강해 동네 엄마들을 사귀어보려 했으나 쉽지 않았다. 사는 곳도, 하는 일도 달랐기 때문이다. 첫째를 어린이집에 보내고 바로 복직해 어린이집 엄마들을 사귈 시간도 없었다.

복직 후엔 회사 일이 바쁘다는 핑계로 어린이집 알림장도 보지 못했다. 회사 동료가 있으니 육아 동지가 없어도 살 만했다. 다시 외로움을 느낀 건 둘째를 낳고 두 번째 육아휴직을 했을 때다. 남편이 퇴근하기 전까지 집에서 아이들을 돌보며 행복했지만 뭔가 허전했다. 오늘 아이들이 어떤 사고를 쳤는지, 밥은 잘 먹었는지, 감기는 좋아졌는지 미주알고주알 얘기할 상대가 필요했다. 다른 애들은 어떻게 지내는지, 뭐하고 노는지도 궁금했다. 어쩌면 아이를 핑계로 누구라도 붙잡고 얘기하고 싶었는지도 모른다.

그래서 날마다 놀이터로 나갔다. 모르는 엄마들에게 인사를 하고 놀이터에서 노는 아이들에게 과자도 나눠줬다. 놀이터에 앉아 있는, 첫째와 어린이집 같은 반 아이들의 엄마에게 커피도 사서 나눠줬다. "네 살이면 아이가 사회적 관계를 맺기 시작할 나이이니 교우관계에 신경을 써주라"는 영유아 검진 결과에 친정엄마도 물심양면 도와줬다. 친정엄마가 둘째를 봐주시는 동안 나는 첫째와 함께 놀이터에서 시간을 보냈다.

"커피 한잔하실래요?"라며 내가 먼저 다가가면 기다렸다는 듯 "좋다"는 대답이 돌아왔다. 아이들 얘기를 하다 보면 어느새 친구가 돼 있었다. 아이를 키우며 본인도 외로웠다고, 엄마들과 친해지고 싶은데 선뜻 다가가기가 어려웠다고 했다. 임신과 출산, 육아를 반복하며 겪은 설움, 즐거움, 기쁨 등을 얘기하다 보면 마치 내 얘기 같아 함께 울다 웃었다.

엄마들이 모인 온라인 카페에는 '엄마 친구'를 찾는다는 글이 하루에도 수없이 올라온다. 집에서 아이만 보고 있으니 행복하지만 외롭다는 내용이 주를 이룬다. 아이들 친구를 만들어주자는 명분이다. 오프라인 모임을 마친 후 카페에 후기도 올라온다. 아이들을 안고 있는 엄마들 얼굴이 환하다. 친구가 생긴 것이다.

"안녕하세요, ○○ 엄마예요."

아이를 낳고 기르면서 놀이터나 학교에서 마주치는 사람들에게 나를 ○○ 엄마로 소개하는 일이 많아졌다. 사람들이 내 이름보다 내가 어떤 아이의 엄마인지 궁금해하기 때문이다. 그 공간에서 나는 오직 아이 엄마로서만 존재한다. 그러면 다른 사람들도 본인이 누구의 엄마인지, 혹은 아빠인지 소개한다. 놀이터 등에서 자주 마주쳐 연락처를 교환하게 되더라도 대부분 ○○ 엄마 또는 ○○ 아빠로 저장하곤 한다.

학부모 상담을 위해 유치원이나 학교에 방문했을 때도 마찬가지다. 선생님께 나를 ○○ 엄마라고 소개한 뒤 20여 분의 상담 시간 동안 줄곧 아이 이야기만 하다가 온다. 나는 선생님 성함을 알지만 선생님은 내 이름을 모른다. 아이 때문에 만난 자리여서 사실 선생님은 내 이름을 알 필요도 없다.

그 때문인지 과거 출산 후 1년가량의 육아휴직을 마치고 복직했을 때 나를 누구 엄마가 아닌 내 이름 석 자로 소개하는 일이 낯설게 느껴졌다. 취재원을 만나서 나를 어느 회사의 누구라고 소개했고, 회사 선후배들은 내 이름을 불러줬다. 이전에는 너무 당연한 일이었는데, 1년간 아이의 엄마로만 살다가 사회로 돌아오니 생경했다. 첫째를 낳고 복직했을 때도, 둘째를 낳고 복직했을 때도 같은 느낌이었다. 일과 육아를 병행하는 게 쉬운 일은 아니었지만 내 일을 하며 성과를 내니 보람됐다. 그때 나는 누구의 엄마나 아내가 아닌 나로 존재할 때 기쁘고 행복하구나 생각했다.

아이를 낳고 기르면서 일·가정 양립이 어려워 직장을 그만두는 여성이 많다. 집에서 살림하랴 아이 키우랴 여간 힘든 것이 아니다. 그중 가장 힘든 것은 아이를 키우면서 자신이 사라져버린 것 같다는 느낌을 받을 때라고 호소하는 엄마들이 많다. 모든 생활이 아이를 중심으로 돌아가다 보니 삶 속에 정작 자기 자신은 없다는 것이다. 꿈 많고 순수했던 자신을 그리워하는 엄마들도 많이 봤다.

그때 잠깐이라도 자신을 위한 시간을 갖는 것은 어떨까. 운동도 좋고, 파트타임으로 일하는 것도 좋다. 못다 이룬 꿈을 위해 도전하거나 취미를 갖는 것도 좋다. 하루 중 단 몇 시간만이라도 자신을 위해 산다면, 그때 충전된 마음으로 남은 하루 아이들을 위해 기꺼이 시간을 쓸 수 있다. 실제 아이들을 학교에 보낸 뒤 카페에서 파트타임으로 일하거나 자격증 공부를 위해 도서관에 가 공부하는 엄마들을 본 적이 있다. 가사에 경제적으로 보탬이 된다는 보람, 자아실현을 위해 노력하는 행위 자체가 그들에게 기쁨을 주는 것처럼 보였다. 수영이나 헬스, 요가 등 가벼운 운동을 하며 사람들과 교류하는 것도 긍정적인 에너지를 줬다.

큰아이가 초등학교에 입학하면서 육아휴직 중인 나는 요즘 다시 ○○ 엄마로 살고 있다. 아이들을 유치원과 학교에 보낸 뒤 오전에 수영을 한다. 수영 강사가 출석부를 부를 때 아주 잠시나마 내가 된다.

❖ 여러 개의 모자

호기롭게 시작했던 7년간의 대학원 생활에 마침표를 찍었다. 첫째 출산 직후 시작한 공부를 큰아이가 초등학교에 입학하기 전 겨우 마쳤다.

대학원 생활은 녹록지 않았다. 2014년 첫째를 임신하고 육아휴직 기간을 활용해 공부할 생각으로 대학원 면접을 봤다. 만삭의 몸을 이끌고 모교에 나타나니 교수들이 깜짝 놀랐다. 2015년 1월 큰아이를 낳고 그해 3월에 입학했다. 임신부의 패기를 높게 봐주셨다.

젖먹이를 친정엄마에게 맡기고 수업을 들었다. 수업이 끝나면 곧장 집으로 돌아와서 아이를 봤고, 아이를 재운 뒤에야 밤새 시험공부를 했다. 힘들었지만 힘든 줄 몰랐다. 수업이 있는 날만이라도 바깥공기를 마시며 캠퍼스를 거닐면 20대의 나로 돌아온 것 같았다. 화려하진 않지만 약간의 치장을 하고 학교에 다니며 치열하게 공부한 덕에 산후 우울증 없이 휴직 기간을 잘 보냈다.

문제는 논문이었다. 직장생활도 힘든데 퇴근 후 아이를 돌보면서 석사 논문을 쓴다는 것은 너무 어려운 일이었다. 당시 촛불집회를 취재하기 위해 주말마다 광화문에 나가야 했다. 극도의 스트레스와 "논문을 제대로 써야 한다"는 지도 교수의 말에 논문을 한 학기 미루기로 했는데 그게 몇 년이 될지 그땐 몰랐다.

몸도 마음도 힘들 무렵 찾아온 둘째와 내 건강 문제로 대학병원에 다녔다. 내가 너무 스트레스를 받아서 그런 걸까, 자책하는 시간이 있었고 남편은 그런 내 마음을 아는지 몇 년 동안 논문의 '논'자도 입 밖으로 꺼내지 않았다.

고마웠지만 논문은 지난 몇 년 동안 마음의 짐으로 남았다. "그래도 마무리는 하면 좋겠다"는 남편의 말에 1년 전부터 논문을 다시 쓰기 시작했고 2022년 2월, 장장 7년간의 대학원 생활에 마침표를 찍었다. 내 육아휴직 기간 남편은 내 등록금을 수천만 원 냈다.

큰아이 세 살 때 졸업식에 같이 가 사진 찍는 상상을 하곤 했는데, 그 작은 아이는 이제 여덟 살이 됐고 여섯 살 동생도 있다. 그래도 큰아이 유치원 졸업할 때 함께 졸업할 수 있어서 다행이다. 큰아이에게 이야기해 주니 "엄마랑 같이 졸업해서 좋다"고 했다.

논문 심사를 위해 몇 년 만에 교수님께 찾아뵙겠다고 연락드리니 이 같은 답장이 왔다. "여러 개의 모자를 동시에 쓰고 다니려니 얼마나 힘들었을지 상상이 된다. 그래도 포기하지 않고 논문 마무리

하려는 의지 칭찬해 주고 싶다. 고생 많았다." 메일을 받고 한참을 울었다.

학교에는 아이 둘 키우며 박사과정을 밟는 워킹맘도 있었고, 직장을 그만두고 학업과 육아를 병행하며 박사 논문을 마무리한 사람도 있었다. 대부분 대학 졸업 후 취업해 10여 년간 직장에서 갖은 에너지와 지식을 모두 쏟아낸 뒤 배움에 대한 갈증으로 공부를 시작한 경우다. 여러 개의 모자를 쓴 엄마일수록 더 바쁘고 열심히 산다.

아이를 키우는 엄마들이 모인 지역 온라인 커뮤니티에는 종종 "아이 낳고 대학원 다니려고 하는데 다닐 만한가요?"라는 질문이 올라온다. 목표가 뚜렷하면 도전해 볼 만하지만 결코 쉽게 생각하면 안 된다는 유경험자들의 조언이 주를 이룬다.

내 경우 "자녀가 한 명이면 도전해 보고, 자녀가 두 명이거나 두 자녀를 계획 중이라면 고민해보라"고 말하고 싶다. 자녀가 한 명이고 주변에 조력자가 있는 휴직 상태라면 어느 정도 밤샘 공부로 수업을 따라갈 수 있지만, 아이가 둘이 되면 휴직 중이든 아니든 물리적으로 공부하고 논문 쓸 시간이 없기 때문이다. 조금이라도 건강에 이상 신호가 오면 논문 때문이 아닌가 자책하게 되니 섣불리 결정해서는 안 된다. 육아 동반자인 남편과도 충분히 상의한 뒤 결정해야 한다. 대학원 공부의 장점을 꼽자면 낮에는 활기찬 캠퍼스를 누비고 밤에는 공부하느라 산후 우울증을 겪을 시간이 없다는 것이다. 아이 키우면서

학위를 따는 것도 쉬운 일은 아니라 졸업장이 생각보다 값지다.

하지만 뭐니 뭐니 해도 공부는 젊어서 하는 거라는 옛 어른들 말하나도 틀린 게 없다. 논문 심사 통과하고 내려오다가 오랜만에 만난 어느 교수님이 내게 말했다. "박사도 해야지?" 다시 논문을 쓸 자신이 없다.

✛ 이제 곧 엄마가 되는 친구에게

"그땐 잘 몰랐는데 지금 와서 생각해 보니 너 참 대단해. 어떻게 아이를 둘이나 낳아 키웠니."

쓰던 유모차를 주겠다고 했더니 선뜻 받겠다고 찾아온, 만삭이 된 친구가 내게 말했다. 나와는 대학 동기다. 친구들보다 결혼과 출산이 빨랐기에 외로웠던 지난날이 떠올라 눈시울이 뜨거워졌다. 친구도 나도 억지로 눈물을 삼켰다. 한 번 터져버리면 걷잡을 수 없을 것 같았다.

친구와 나는 같은 꿈을 꾸며 대학 시절을 보냈다. 학내 고시반에서 밤낮으로 신문 보고 스터디 하고 글을 쓰고 서로 첨삭해 줬다. 용돈을 쪼개 김밥을 사 먹고 가끔 술을 마시며 신세 한탄을 했다. 힘겨운 시절을 지내고 정작 사회생활을 시작하고 나서는 바쁘다는 핑계로 1년에 한 번 겨우 만났고, 내가 아이를 임신하고서는 그마저도 잘 안됐다.

결혼은커녕 연애도 하지 않는 대학 친구들 사이에서 나는 적다면 적고, 많다면 많은 서른 살에 아이를 낳았다. 압력밥솥으로 처음 밥을 짓느라 밥을 다 태웠다고 하니 친구들은 내 신혼집에 와 밥솥을 이렇게 저렇게 닦으라며 조언을 하다 결국 전기밥솥을 사줬고, 큰아이가 생후 100일이 되던 때에는 케이크를 사 들고 우리 집에 와 함께 촛불을 불었다. 큰아이가 걷기 시작했을 때, 둘째를 임신했을 때, 둘째를 낳고 육아휴직이 끝나갈 무렵 등 잊을 만하면 서로 얼굴 보며 안부를 물었지만 매일 전쟁 같은 육아에서 나는 늘 혼자였다.

남들은 동창끼리 아이들 데리고 다 같이 만나기도 한다던데, 내 친구들은 도무지 결혼할 생각이 없었다. 나는 도움을 청할 곳도, 육아 용품을 물려받을 곳도 없이 홀로 아이를 낳아 키웠다. 육아 동지를 만들어보려고 문화센터와 아파트 놀이터도 기웃거려 봤지만 그때뿐이었고 마음 맞는 사람을 만나기도 어려웠다.

친구는 본인이 막상 임신을 하고 보니 그 시절 내가 얼마나 외롭고 힘들었을지 이제야 알겠다고 했다. 자기는 언제 아이를 낳아 키우겠느냐고 했다. 결혼도, 출산도 안 하겠다던 친구가 아이를 낳아 기른다고 생각하니 대견하면서도 마음 한 편이 서늘해졌다. 저출산이 문제라고 외쳐대면서도 정작 내 옆자리 임산부에게 이 사회가 어떤

대접을 하는지 너무 잘 알기 때문이다.

친구는 언제 회사에 임신 소식을 알려야 할지 하루에도 수십 번 망설였을 테고, 입덧 때문에 힘들어도 자리에 앉아 있어야 했을 테고, 가끔 어쩌면 자주 술자리에 불려가 사이다만 줄곧 마시며 사람들이 다 취하길 기다려야 했을 테다. 병원 검진은 왜 그리 자주 돌아오는지 아침마다 눈치 보며 병원에 다녀와야 했을 것이고, 배가 제법 나오면 살은 얼마나 쪘는지, 둘째 계획은 있는지, 육아휴직은 언제 들어가는지 정보를 계속 업데이트해 줘야 했을 것이다. 대다수 회사에선 친구를 '마이너스 인력'으로 따갑게 쳐다봤을 것이다. 나는 두 번이나 겪었던 일이다.

나는 그 좋아하는 맥주를 한 입도 못 마시는데 남편의 회식은 줄어들 줄을 모르고, 나는 인간관계가 다 끊겼는데 남편은 군대 동기 모임에 종종 나갔다. 엄마가 되고서는 밤중에도 두 시간 이상 잘 수 없었고, 망가진 몸매는 돌아올 줄 몰랐다. 아이를 어린이집에 보내고 카페에 가 커피를 마시는 게 유일한 자유이자 해방처럼 느껴졌다. 친구는 이제 그 험난하고 외로운 길에 들어서고 있었다.

고귀한 생명이 주는 기쁨에 비할 바는 아니지만 자꾸 잃는 것이 생각나는 건 어쩔 수 없다. 나도 그랬고, 지금도 그렇다. 그저 함께 온 친구 남편에게 앞으로 회식 좀 줄이고 아이가 태어나면 육아를 반드시 함께 하라고 말하는 게 내가 할 수 있는 전부다. 다만 이 모든 건

지극히 자연스러운 현상이니 '내가 나쁜 엄마라서 그런가' 하는 죄책
감은 갖지 말길 당부하고 싶다.

Chapter 4

워킹맘의 교육법

1
우리 아이 첫 기관, 어린이집 보내기

❖ 입소 대기 신청부터 등원까지, 어린이집 보내기

아기를 어린이집에 보내기가 '하늘의 별따기'로 불릴 정도로 어렵다. 복직 한두 달 전에야 어린이집 입소 대기 신청을 하면 너무 늦다. 단언컨대 근처 어린이집에 자리가 없을 확률이 100%다. 출산 직후 신청해도 대개 1년 이내에 자리가 나지 않는다. 내 경우도 그랬다.

첫째를 임신했을 무렵에는 임신 중에도 어린이집 입소 대기 신청이 가능했다. 임신 중에 대기 신청을 해도 가정 어린이집의 대기 순번이 수십 번대, 국공립 어린이집은 수백 번대였다. 복직을 앞두고도 자리가 나지 않아 매일같이 어린이집에 전화를 돌리다가 마침 이사 가는 아이가 있어 겨우 가정 어린이집에 들어갈 수 있었다.

지금은 출생신고를 마치고 주민등록번호가 있어야 입소 대기 신청이 가능하게 바뀌었다. 둘째는 출산 직후 조리원에서 대기 신청을 했다. 오프라인으로 신청할 수도 있고, 임신육아종합포털 아이사랑 홈페이지나 앱에서도 신청할 수 있다.

어느 어린이집에 보내야 할지 선택하는 것이 어렵다면 방문 상담을 해보는 게 좋다. 집 주변 어린이집에 직접 가서 분위기를 살피고 선생님과 이야기를 나눠보면 도움이 된다. 언제쯤 자리가 날지 가늠해 볼 수도 있다.

신청을 완료한 후에도 꾸준히 관심을 갖고 들여다봐야 한다. 어린이집 입소 대기 신청과 관련된 기한이 다 되면 연장 신청하라는 메시지를 받는데, 이때 연장하지 않으면 원점에서 다시 시작해야 한다.

대기 순번이 너무 늦다고 좌절할 필요는 없다. 한 아이가 세 곳의 어린이집에 대기 신청을 하기 때문에 중복 신청으로 인한 허수가 있기 때문이다. 대개 새 학기가 시작하는 3월에 자리가 많이 나는데, 자리가 났다는 연락을 받았다면 아이행복카드를 만들고 주민등록등본 등 입소에 필요한 서류를 준비하면 된다.

어린이집에 가게 되면 가정양육수당을 받지 못하는 대신 영유아 보육료를 지원받게 된다. 가정양육수당을 보육료로 전환해야 하는데 '복지로' 홈페이지나 가까운 주민센터에서 전환 신청하면 된다. 보육료는 국민행복카드를 통해 바우처로 지원된다. 2020년까지는 어린이집·유치원 보육료를 지원하는 아이행복카드와 임신·출산진료비 등을 지원하는 국민행복카드로 나뉘어 있었는데, 2021년부터 국민행복카드 하나로 어린이집과 유치원, 사회서비스전자바우처 등을 사용할 수 있게 바뀌었다. KB국민카드, 신한카드 등 5개 카드사와 18개 금융기관에서 발급 가능하다. 연령에 따라 정부 지원 금액이 다르지만 어린이집 비용을 부모가 따로 내지 않는다고 생각하면 쉽다.

Tip 복직이 코앞인데 어린이집에 들어가지 못했다면?

불가피하게 복직을 앞두고 어린이집에 들어가지 못했다면 정부의 아이돌봄 서비스를 이용하는 것도 방법이다. 부모의 맞벌이 등으로 양육 공백이 발생한 가정의 만 12세 이하 아동을 대상으로 아이돌보미가 직접 방문해 아동을 봐주는 서비스로, 상대적으로 저렴한 가격에 서비스를 이용할 수 있다.

✤ 어린이집 다니는데 왜 대기 취소 안 하냐고요?

"어린이집이 폐원합니다. 작년부터 경영이 어려웠지만 아이들이 예뻐서 버텼습니다. 아이들이 갈수록 줄어 운영이 너무 어렵습니다. 더 이상은 못 버틸 것 같습니다."

당시 첫째를 보내던 가정 어린이집에서 긴급 간담회가 열렸다. 어린이집 원장은 20명의 아이들이 채워져야 선생님들 월급과 운영비 등을 제하고 본인 월급을 겨우 가져가는데 사정이 좋지 않아 최근

2년간 네댓 번 자신의 월급을 반납했다고 했다. 임대료는 오르고 아이는 계속 줄어 운영이 어렵다고 했다. 그래서 이듬해 2월 아이들 졸업식을 끝으로 문을 닫겠다고 했다.

한 학부모는 "어린이집 입소 경쟁이 치열해 겨우 들어왔는데 아이들이 부족하다니 놀랍다"고 말했다. 언론에서 저출산이 문제라고 떠들어대도 서울에선 어린이집 입소 경쟁이 워낙 치열하다 보니 아이가 부족할 것이라는 생각을 못 했다는 것이다. 다른 학부모는 1년 전 근처 어린이집 두세 곳이 폐원했는데 다니던 곳마저 없어진다니 서운하면서도 막막하다고 했다. 무거운 간담회 분위기와 달리 천진난만한 아이들은 유희실에서 즐겁게 뛰어놀고 있었다.

어린이집 폐원은 비단 이곳만의 문제는 아니다. 출산율 저하에다 수년째 반복된 누리과정(만 3~5세 무상보육) 예산 파동 등으로 유치원에 보내려는 부모가 늘면서 문을 닫는 영세한 민간·가정 어린이집이 속출하고 있기 때문이다. 2012년 0~2세 무상보육 도입으로 어린이집이 과잉 공급된 탓도 크다. 어린이집 수요가 급증하면서 정부는 어린이집 인가 제한을 완화했고, 2013년 어린이집은 사상 최고치인 4만 3770개까지 늘었다. 하지만 같은 해 집에서 아이를 키우면 10만~20만 원을 지급하는 가정양육수당이 도입되고, 국공립·직장 어린이집이 증가하면서 점차 감소세로 접어들었다.

보건복지부 보육통계에 따르면 어린이집 숫자는 관련 통계가 작성된 1995년 이후 꾸준히 증가하다가 2013년 4만3770개로 정점을 찍고 이후 매년 감소 중이다. 2021년 기준 전국 어린이집은 3만3246개다.

원장은 연신 죄송하다며 고개를 숙이고 담임 선생님은 눈물을 훔쳤다. 마음고생 많았을 원장과 하루아침에 실업자가 될 선생님을 생각하니 가슴이 먹먹했다. 하지만 또다시 지난한 어린이집 입소 경쟁 과정을 거쳐야 할 내 처지가 가장 막막했다.

다행히 입소 대기 신청을 해놓고 취소하지 않은 곳이 두 군데나 남아 있었다. 혹시나 하는 마음에 국공립 어린이집 두 곳만큼은 대기 신청을 취소하지 않았던 것이다. 3년 전에 신청했는데 여전히 대기 순번이 각각 5번째, 7번째였다. 그나마 가능성이 높은 어린이집에 전화해 새 학기 모집 인원을 물으니 4명이라고 했다. 앞사람이 취소해야 겨우 들어갈 수 있다. 부랴부랴 다른 가정어린이집에도 대기 신청을 넣었지만 입소할 수 있을지는 알 수 없었다.

다니던 어린이집이 폐원할 정도로 저출산 문제가 심각하다는데 여전히 어린이집에 들어가지 못해 전전긍긍하는 현실이 모순되게 느껴졌다. 전화벨이 울릴 때마다 조마조마한 가슴을 부여잡고 하염없이 전화기만 쳐다보길 수 일째, 앞사람의 입소 대기 취소로 국공립 어린이집에 입소해도 좋다는 연락을 받았다. 아이가 어린이집에 들어갔다고 해서 과거 입소 대기 신청했던 것을 취소했다면 어땠을까.

생각만 해도 아찔하다.

❖ 어린이집, 결정부터 입소 준비까지

겨울이 되면 어린이집 입소 순번이 됐다는 연락이 오기 시작한다. 3월 새 학기 시작을 맞아 어린이집에서 한창 충원을 하기 때문이다. 기존에 잘 알던 어린이집이라면 망설임 없이 입소 확정을 짓겠지만, 처음 접하는 어린이집이라면 서류 제출을 전후해 한 번쯤 상담을 받으러 가는 것이 좋다.

첫째를 2년 넘게 두 곳의 어린이집에 보내본 결과 어린이집 선택 시 가장 눈여겨봐야 할 점은 아이들에 대한 어린이집 원장의 태도다. 원장이 아이들을 진심으로 좋아하고 아끼면 그 어린이집은 교구나 시설이 좋지 않더라도 아이들이 풍요롭게 자랄 수 있다. 아이들 먹거리에 장난치지 않고 안전하게 놀 수 있도록 최대한 신경 쓰기 때문이다.

아이들은 대부분 담임 선생님과 하루를 보내지만 담임 선생님을 통솔하는 것은 원장이기에 원장이 아이들을 아낀다면 다른 선생님들도 아이들에게 함부로 대하지 않는다. 다만 한 번의 상담으로 원장의 마음을 꿰뚫어볼 수는 없는 것이어서 상담 후 특별히 불쾌한 인상을 받지 않았다면 대부분 해당 어린이집에 보낼 수밖에 없는 것이 현실이다.

어린이집은 각 시도 육아종합지원센터에서 영양사가 작성한 식단을 사용하도록 돼 있는데 실제 해당 식단을 사용 중인지, 식자재가 없어 대체 식단으로 바꿀 경우 따로 공지를 해주는지 등을 묻는 것도 어린이집 선택에 도움이 된다. 특별활동비나 입학비 등은 얼마인지, 100인 미만 어린이집은 영양사를 두지 않아도 되지만 그럼에도 조리사가 따로 있는지 등을 묻는 것도 좋다. 조리사가 있으면 아무래도 선생님은 아이 돌보는 데 집중할 수 있고 아이는 풍성한 먹거리를 먹을 수 있기 때문이다. 주위 엄마들의 평가를 참고하는 것 역시 도움이 된다.

등하원 시간은 맞춤형인지 종일형인지에 따라 다르겠지만 낮잠 시간은 1시부터 3시까지로 대부분 어린이집이 비슷하다. 아이들이 노는 유희실이야 넓으면 좋겠지만 좁다고 해서 어린이집에 안 보낼 수는 없으니 유희실 수용 인원을 묻는다 한들 큰 소득은 없다.

어린이집 적응 기간을 묻는 것은 일정을 세우는 데 도움이 된다. 3월에 새 학기가 시작되면 대부분 1~2주간 적응 기간을 갖느라 오전에만 어린이집에 머물게 하거나 아이가 어린 경우 엄마와 함께 어린이집에서 시간을 보내다 가도록 돼 있기 때문이다. 워킹맘이라면 어린이집 일정을 참고해 하원 후 아이 돌봐줄 사람을 사전에 알아보는 게 좋다.

정작 나는 첫째 출산 후 복직이 코앞인데 어린이집 자리가 없어 발만 동동 구르다 겨우 자리가 나 묻고 따질 겨를 없이 첫째를 보냈고, 잘 다니던 어린이집 폐원 소식을 듣고 좌절해 있을 때 구립 어린이집에서 연락이 와 상담은커녕 급한 마음에 서류부터 제출했다. 어린이집 선택권이 있는 엄마라면 아이가 가장 많은 시간을 보내는 어린이집, 꼼꼼히 따지고 물어 좋은 곳으로 보내길 바란다.

혹시 지금껏 입소 대기 신청해놓은 어린이집으로부터 연락을 못 받았다면 아이사랑 홈페이지에서 누락된 것은 없는지 신청 내역을 다시 한번 확인해 보거나 어린이집에 전화해 자리가 있는지 적극적으로 묻는 것이 좋다.

원하는 어린이집에 입소가 확정되었다면, 가장 먼저 보육 비용 전환 신청을 해야 한다. 어린이집에 가게 되면 매달 현금으로 지급되던 가정양육수당을 받지 못하는 대신, 정부로부터 영유아 보육료를 지원받게 된다. 만 0~5세에게 지급되는 보육료는 연령에 따라 지원 금액이 다른데 어린이집 비용을 부모가 따로 내지 않는다고 생각하면 쉽다. 다만 입학금이나 특별활동비 등은 부모가 부담해야 한다.

가정양육수당을 보육료로 전환하는 것은 '복지로' 홈페이지나 가까운 주민센터에서 신청하면 된다. 보육료는 국민행복카드를 통해 바우처로 지원된다. KB국민카드, 신한카드 등 5개 카드사와 18개 금융기관에서 발급 가능하다. 이 카드는 어린이집과 유치원에서 모두 사용할 수 있다.

과거에는 임신·출산 때 국민행복카드를 발급받아 건강보험에서 지원하는 진료비 바우처를 사용하고, 아이가 성장하면 아이행복카드를 새로 발급받아 보육료 또는 유아학비 바우처를 사용하는 방식이었다. 보건복지부가 2021년 4월부터 임신·출산부터 보육료까지 17종의 바우처를 제공하는 '국민행복카드' 통합 운영을 시작한다고 밝히면서 국민행복카드 하나로 17종 바우처를 지원받을 수 있게 됐다. 아이행복카드를 사용중인 경우에는 기존 카드로 유아학비·보육료 바우처를 계속 사용할 수 있다.

국민행복카드는 온·오프라인 신청 모두 가능하다. 온라인 카드 발급은 복지로, 아이사랑, 5개 카드사 홈페이지에서 모두 가능하다. 원하는 카드사를 선택해 발급 신청하면 된다. 신용카드와 체크카드 모두 발급이 가능하고 연회비는 무료다. 정부 지원금을 신청할 때 카드 발급 신청을 함께하면 편리하다.

오프라인 신청은 주민센터와 전국 은행, 주요 카드사 지점에서 가능하다. 보육 비용 전환을 위해 주민센터에 방문한 김에 한꺼번에 처리하면 좋다. 어린이집에서 유치원으로 기관을 변경할 때는 주민센터를 방문하거나 복지로 홈페이지를 통해 유아학비로 변경 신청을 해야 한다.

보육료는 지자체에 신청한 날부터 지원된다. 다만 양육수당에서 보육료로 변경 신청한 경우에는 15일 이전에 신청하면 신청일부터 해당 월 보육료를 지원하고, 16일 이후에는 익월 1일부터 지원된다. 전자는 해당 월의 양육수당이 지원되지 않고, 후자는 해당 월의 양육수당이 전액 지원되기 때문에 3월 초에 입소하는 아이라면 2월 16일 이후에 신청하는 게 이득이다.

국민행복카드를 발급받았다면 어린이집 보육료 납부를 위한 준비는 끝났다. 보육료 결제일에 맞춰 어린이집에 방문해 카드 결제를 하거나, 어린이집에서 받은 인증번호로 ARS 결제를 하면 된다. 인터넷 결제나 스마트폰 결제도 가능하다.

어린이집 보육 서비스는 종일반과 맞춤반으로 나뉘는데, 맞춤형 보육료 자격을 갖고 어린이집을 이용 중인 아동에게는 긴급보육바우처가 월 15시간 지원되니 이를 잘 활용하면 좋다. 취업, 구직, 다자녀 가정, 조손가정 등 장시간 어린이집 이용이 필요한 경우에는 종일반(일 12시간)을 이용할 수 있고 그 외에는 맞춤반(일 6시간+긴급 보육바우처 월 15시간)을 이용하면 된다. 일부 어린이집은 정부 지원 금액을 늘리기 위해 맞춤반 학부모에게 주어진 이용 시간을 최대한 소진해달라고 노골적으로 부탁하기도 하는데 본인에게 필요한 만큼 이용시간을 정해 신청하면 된다.

그 밖에 빨대컵, 고리 수건, 수저세트, 앞치마, 낮잠이불 등 어린이집에서 사용할 물품도 준비해야 한다. 일체형 낮잠 이불이 편리한데

요를 두툼한 것으로 사는 게 좋아 온라인보다는 오프라인에서 직접 만져보고 사길 권한다. 또 인터넷쇼핑몰에서 방수되는 이름 스티커를 주문·제작해 개인 물품에 붙이면 이름이 지워지지 않아 유용하다.

✣ 세상의 모든 부모가 겪는 '한바탕 씨름' 어린이집 적응기

"엄마, 애들 어린이집 보내는 게 이렇게 힘든 일이었어?"

친정엄마에게 묻자, 엄마는 이렇게 답했다.

"애를 쉽게 키우는 줄 아니?"

둘째를 낳고 육아휴직에 들어가기 전까지 친정엄마는 일하는 딸을 대신해 손주 어린이집 등하원을 도와주셨다. 곤히 자는 아이를 새벽같이 차에 태워 친정에 데려다주는 것도 버거웠던 나는 새삼 친정엄마에게 미안해졌다. 애들을 어린이집에 보낸 후 놀이터에 앉아 수다 떠는 엄마들이 하루 종일 일에 시달리는 나보다는 덜 힘들 것이라고 생각한 적도 있었지만 큰 오산이었다.

당시 네 살 된 첫째와 만 6개월 된 둘째는 새로운 어린이집에 적응하는 중이었다. 첫째는 다니던 어린이집이 폐원해 할 수 없이 옮겼고, 둘째는 마침 첫째와 같은 어린이집에 자리가 났다고 해 조금 이르지만 보내기로 했다. 처음 일주일 동안은 1시간씩 엄마와 함께, 다

음 일주일은 엄마 없이 1시간씩 어린이집에서 시간을 보냈다. 아이가 둘이라 나는 이쪽 저쪽을 오가며 아이들이 낯설지 않도록 놀아줬다. 주말에는 어린이집 앞 놀이터에 데리고 가 어린이집에 친숙해질 수 있도록 했다.

아직 어린 데다 낯을 잘 가리지 않는 둘째는 어린이집 적응이랄 것도 없이 비교적 잘 지내줬지만 첫째는 달랐다. 잘 놀다가도 불현듯 엄마를 찾았고 둘째 반에 찾아와 나와 떨어지지 않으려 했다. "도로 집에 가고 싶다"며 우는 아이를 40분 동안 설득해 들여보내기도 했다. 애 둘을 혼자 보기 힘들어 첫째는 2주째부터 적응 시간을 점차 늘렸다. 둘째를 데리고 먼저 집에 왔다가 첫째가 엄마를 찾는다는 전화를 받고 어린이집에 달려가기를 2주 동안 하다 보니 아이보다 내가 더 지쳤다.

"다음 주는 어떻게 되나요?"

아침마다 아이들보다 한두 시간 일찍 일어나 어린이집 보낼 채비를 하고, 집에 와서는 아이들 밥 먹이고 이유식 만드는 데 지친 나는 선생님에게 물었다. 내심 적응 기간이 끝나고 정상 등원해도 된다는 대답이 듣고 싶었다. "다음 주부터는 2시간씩 있다가 가면 돼요." 둘째 담임 선생님의 답변은 실망스러웠다. 차로 10여 분 거리에 있어 애 둘을 태워 다니는 것도 버거운데 일주일 더 적응 기간을 갖는다니 막막했다. 첫째와 둘째의 하원 시간이 달라 나는 하루에도 서너 번 어린이집에 다녀왔다.

아이를 좀 더 맡기고 싶다고 하니 오후 2~3시까지는 가능할 것 같다고 했다. 우리 아이는 둘 다 종일반으로 오후 7시 반까지 보낼 수 있다. 이쯤 되니 주객이 전도된 것 같은 느낌이 든다. 정상 근무 중인 맞벌이 부부에게 이 적응 기간은 과연 그들이 감당할 수 있는 정도의 기간인가. 아이를 직접 돌보기 어려워 자녀를 어린이집에 맡기는데 적응 기간이 3주나 돼 부부가 돌아가며 휴가를 쓴다는 얘기는 심심찮게 들을 수 있다. '아이를 위해서'라는 말에 어느 부모가 토를 달겠느냐마는 어린이집 적응 기간은 워킹맘에게는 또 하나의 높은 산이다.

2
"나도 이제 형님이야" 유치원 진학

❖ 우리아이 유치원 어디로 보낼까?

"어린이집에 1년 더 다니는 게 좋을까요? 아님 유치원 가는 게 좋을까요?"

첫째가 다섯 살(만 3세)이 될 무렵 '육아 선배'들에게 이 같은 질문을 자주 했다. 다섯 살부터 유치원에 입학할 수 있는 요건이 되기 때문이다. 한 회사 선배는 "다른 아이들과 함께 입학하는 게 아이가 적응하는 데 좋지 않겠냐"며 유치원 입학을 권유했다. 다른 선배는 "동생과 같은 어린이집에 다니고 있으니 1년 더 어린이집에 다녀야 등·하원을 도와주시는 할머니가 편하지 않겠냐"며 어린이집에 남길 권했다.

"어차피 추첨에서 떨어질 수도 있으니 일단 유치원에 넣어 보라"고 조언한 지인도 있었다. 추첨에서 떨어지면 어린이집에 더 다니면 되지 않냐는 것이다. 유치원 추첨일에 맞벌이 부부가 온 가족을 동원해 추첨했지만 당첨되지 않아 좌절하는 장면을 연말이면 심심찮게 텔레비전에서 볼 수 있었다. 추첨해도 안 될 가능성이 높으니 일단 넣어보자는 심정으로 유치원 입학 과정을 알아봤다.

Tip 유치원 입학 지원은? '처음학교로'에서!

유치원은 유아의 교육을 위해 유아교육법에 따라 설립·운영되는 학교다. 여기서 유아는 만 3세부터 초등학교 취학 전의 어린이를 말한다. 유치원은 크게 국공립과 사립 유치원으로 나뉜다. 공·사립 등 모든 유치원의 입학 신청은 온라인 입학관리시스템 '처음학교로' 사이트를 통해 이뤄진다. 과거에는 국공립 유치원만 의무적으로 사용했고 사립 유치원은 선택 사항이었다. 때문에 대부분의 사립 유치원은 개별적으로 원서를 내고 추첨을 통해 입학 여부가 결정됐다. 하지만 2019년부터는 모든 시도교육청에서 관련 조례를 제정해 사립 유치원의 처음학교로 참여를 의무화했다. 처음학교로는 학부모가 유치원을 방문하지 않고도 온라인으로 입학 신청·추첨·등록을 할 수 있는 시스템이다.

2020년부터는 일반모집 선발 방법을 '희망 순'(중복 선발 제한)으로 바꿔 중복 선발 불합리를 개선했다. 또 별도의 서류 제출 없이 처음학교로에서 국가보훈대상자 자격 검증이 가능하다. 학부모는 미리 회원 가입을 해두고 원하는 유치원의 모집요강을 확인한 후 모집 일정에 따라 원서 접수를 하면 된다.

국공립 유치원과 사립 유치원간 비용 차이는 상당하다. 서울시 서초구의 경우(종일반 기준) 국공립 유치원은 아이들이 현장학습 갈 경우 차량비 정도만 부담하면 되지만, 사립 유치원은 교육비에 차량비와 특별활동비까지 합치면 월 50만~60만 원이 든다. 정부에서 유치원·어린이집에 다니는 만 3~5세 모든 유아에게 교육비를 전액 지원하지만 사립 유치원은 추가로 교육비를 내야 해 부모의 부담이 큰 편이다.

유치원 입학을 위한 접수는 보통 11월에 시작된다. 처음학교로 홈페이지에 접속해 회원가입을 한 뒤 자녀 정보를 입력하고 희망하는 유치원을 검색해 '접수' 버튼만 누르면 신청이 완료된다. 지역 검색을 하면 주변에 있는 유치원 목록이 나오고, 보육비용 등 구체적인 정보도 확인할 수 있다. 세 군데를 지원할 수 있는데, 경쟁이 있을 경우 익명 추첨을 통해 무작위로 선발된다.

국공립 유치원은 대부분 통학버스를 운영하지 않는다. 한글, 영어 등 학업을 가르치기보다는 자유놀이 중심으로 활동한다는 특징이 있다. 두 아이를 각각 사립 유치원과 국공립 유치원에 보낸 한 엄마는 "아이가 다양한 것을 배우고 체험하는 것을 좋아하면 사립 유치원을, 자유롭게 노는 것을 더 좋아한다면 국공립 유치원에 보내는 게 좋다"고 조언했다.

어린이집, 유치원, 놀이학교, 영어유치원 등 5세 아이를 둔 부모들이 선택할 수 있는 교육기관은 꽤 다양하다. 집집마다 교육관과 가치관이 다르니 어느 것이 정답이라고 말할 수는 없지만 적어도 공·사립 유치원을 모두 겪어본 내 경험은 이렇다.

우선 병설 유치원이다. 여섯 살의 큰아들은 1년 반을 병설 유치원에 다니다 2020년 여름 사립 유치원으로 옮겼다. 영어는커녕 한글도 가르치지 않고 오직 아이는 놀면서 배운다는 병설 유치원의 교육관이 내 가치관과 맞았다. 심심함이 창의력의 원천이라더니, 아이는 병설 유치원 프로그램이 너무 심심한 나머지 종이접기를 시작해 딱지, 비행기, 나무 등 온갖 것을 접어 왔다. 하원한 아이의 가방에는 그날 아이가 만든 종이접기 작품들이 담겨 있었는데 매일 처치 곤란할 정도로 많았다. 이전에는 미술에 관심을 보이지 않았는데, 유치원에 간 뒤로 아이가 매일 무언가를 만들어 왔다. 제한된 자원 속에서도 아이는 '주도적으로' 뭔가를 하려고 궁리했고, 아이들과 어울려 놀면서도 끊임없이 놀이를 찾고 만들었다. 텃밭을 가꿔 가을에 작물을 수확하는 기쁨을 맛볼 수도 있다. 긍정적인 면이다.

물론 단점도 있다. 병설 유치원에서는 유치원생도 초등학생들과 같은 급식을 먹기 때문에 매운 음식이 포함된 새빨간 식판을 받는다. 두 달이나 되는 긴 방학 동안 외벌이 자녀들은 집에서 시간을 보내는 반면 맞벌이 자녀들은 5~7세가 한 반에 모여 하루 종일 지내는데, 그 과정에서 형들에게 놀잇감을 빼앗기거나 놀림당하기 일쑤다. 다른 아이들처럼 자신에게도 방학이 있으면 좋겠다고 말할 때면 억장이 무너졌다. 통학차량이 없어 눈비 올 때 등·하원이 어려운 것도 불편한 점이다.

이후 사립 유치원으로 옮겨 보내기 시작했는데, 통학차량이 있어 집 앞에서 등·하원을 할 수 있는 게 가장 편리한 점이었다. 다만 유치원 선생님과 아이의 생활을 묻고 답할 수 있는 시간이 없어졌다는 점은 아쉬웠다. 사립 유치원에 보내면 따로 뭘 가르치지 않아도 돼 편하다는 이야기도 많이 들었다. 무엇보다도 아이가 원하는 수준의 밥과 간식을 먹었다고 한 게 가장 기뻤다.

영어, 한글, 수학, 과학에 특별활동까지 매일 짜인 일정을 소화해야 돼 아이는 집에 오면 피곤해서 뻗었다. 어떤 날은 "매일 하는 게 너무 많아 놀 시간이 없다"고 푸념하기도 했다. 보통 1~2개씩은 다 한다는 특별활동을 신청하지 않았는데도 아이는 끊임없이 뭔가 배우고 써야 돼 힘든 모양이었다. 매월 50만~60만 원씩 나가는 원비도 부담이었다. 둘째까지 사립 유치원에 입학하니 매월 최대 120만 원이 들어갔다.

❖ 유치원 입학 전쟁 감격의 대기 1번

궁금한 건 못 참는 성격이다. 2018년 12월 4일 오후 7시, 유치원 접수 결과를 확인하기 위해 온라인 유치원 원서 접수·추첨 시스템인 '처음학교로' 홈페이지에 접속했다. 무려 3만 명이 대기 중이니 기다리라는 메시지가 떴다. 지난달 원서 접수 기간에 홈페이지가 먹통이 돼 수많은 부모들에게 원성을 샀던 시스템은 변한 게 없어 보였다.

25분쯤 기다렸을까. 드디어 홈페이지 메인 화면이 모습을 드러냈다. 떨리는 마음을 가라앉히고 차분히 아이디를 입력했다. '대기'라는 두 글자가 눈에 들어왔다. 다시 로그인을 해봐도 결과는 똑같았다. 친정 식구에게 소식을 알렸다. 친정엄마는 "될 거라고 기대했느냐"며 당신은 기대도 안 했다고 했다. 이제야 '유치원 입학 전쟁'이 피부에 와닿았다.

대기번호가 몇 번인지, 경쟁률이 얼마나 되는지 등 아무 정보가 없었다. (지금은 바뀌었다.) '대기'라는 두 글자만이 나를 절망케 했다. 유치원에 전화를 걸었다. 경쟁률이 얼마였는지, 대기번호는 어떻게 부여되는지 물었다. "경쟁률은 5대 1이고 대기번호는 시스템에 의해 정해지는 것으로 알고 있다"고 답했다. 그전까지는 추첨으로 대기번호를 정했다고 했다.

당시 온라인 맘카페에는 처음학교로 추첨 과정이 공정한지에 대한 논란이 일었고, 원서 접수 결과를 공유하며 안도하거나 혹은 좌절했다. 이쯤 되니 나 역시 선발 과정이 과연 공정한지 의심됐다. 눈앞에서 공이라도 뽑으면 현실감이 있을 것 같은데 추첨 과정을 볼 수 없으니 답답했다. 그날 저녁 수많은 엄마들이 인스타그램과 페이스북 등 소셜네트워크서비스에 자녀의 유치원 선발 결과를 공유하며 울고 웃었다.

처음학교로에 따르면 추첨은 유치원 원장이 입력한 선발기준 번호와 유아의 주민등록번호, 접수 순서를 바탕으로 몇 차례 난수를 만들고 다시 랜덤 함수로 추첨하는 방식을 따른다. 전문가의 자문과 검증을 거쳐 공정성을 확보했다고 명시해 놨다.

당초 같은 달 9일부터 대기번호를 확인할 수 있다고 했으나 성격이 급한 나는 5일 홈페이지에 다시 접속했다. 대기번호 '1번'을 확인하고야 화가 조금 풀렸다. 그나마 추첨 운이 따라줬다고, 어쩌면 유치원에 갈 수도 있겠다는 희망이 생겼다. 처음학교로에 대기번호에 대한 기준은 공지된 게 없으나 짐작건대 지원자에게 추첨번호가 부여된 상황에서 유치원 정원에 맞는 인원을 선발하고 이후 남은 숫자를 순서대로 대기자로 전환하는 것 같다.

가장 가고 싶은 유치원을 1순위에, 나머지 유치원을 2, 3순위에 지원하는 까닭에 유치원 역시 남은 자리가 있을 경우 1순위 대기자에게 우선권을 준다. 나는 유치원 딱 한 곳에만 지원했다.

같은 달 8일까지 일반모집 결과 확인 및 등록 절차가 끝났다. 9일부터는 남은 자리가 있으면 대기자에게 기회가 돌아간다. 다시 처음학교로 홈페이지에 접속했다. '등록' 버튼이 생겼다. 드디어 우리 아이가 유치원에 갈 수 있는 기회를 얻은 것이다. 유치원 원서 접수를 위해 접수 마감날 촌각을 다투며 맞벌이 증명 서류를 보내고 식은땀을 흘렸던 것을 조금이나마 보상받는 느낌이다. 대학교 원서 접수보다 치열했던 유치원 원서 접수가 다행히 해피엔딩으로 끝났다.

❖ 유치원 첫 상담, 아이 단점도 얘기해야 할까요

　　매년 4~5월 온라인 커뮤니티에 단골손님으로 등장하는 질문이 있다. '어린이집·유치원 상담 질문'에 대한 것이다. 아이들이 어린이집이나 유치원에 간 뒤 한두 달이 지나면 선생님과 상담을 하게 되는데, 이때 뭘 물어봐야 하는지 육아 선배들 조언을 구하는 것이다. 아이를 어린이집에 처음 보내고 상담 일정이 잡힌 후 나 역시 온라인 카페를 뒤지며 무엇을 물어봐야 할지 찾고 또 찾았다.

　　대부분 아이가 기관에서 잘 지내는지, 교우관계는 어떤지, 편식 없이 식사는 잘 하는지, 고칠 점은 없는지, 잘하는 점은 없는지 등을 물어보라고 조언한다. 하지만 의견이 갈리는 질문이 하나 있다. 상담할 때 아이의 단점을 먼저 얘기하는 게 좋을지, 아니면 일단 두고 보는 게 좋을지에 대한 것이다. 선생님이 선입견을 가지고 아이를 대할까 봐 고민되면서도, 아이를 잘 돌보기 위해서는 알아야 할 정보라는 생각 때문이다.

오은영 소아청소년정신과 전문의는 처음부터 말하는 것이 좋다고 조언한다. 도움이 필요한 아이들은 처음부터 이야기하고 교사와 협의해 아이가 편안하게 성장할 수 있다는 것이다. 입이 떨어지지 않는다면 "아이를 지도하면서 힘들거나 걱정되는 면이 있다면 솔직하게 말해달라"고 말하라고 조언한다.

내 경우에는 솔직히 말하는 편이다. 아이가 하루 중 절반에 가까운 시간을 함께 보내는 유치원 선생님은 공동 양육자와 다름없기 때문에 일종의 '팀워크'를 발휘해야 한다는 생각이다. 아이의 장단점을 객관적으로 파악하는 것도 좋지만, 언젠가 발견하게 될 개선점이 있다면 미리 공유해 더 좋은 방향으로 나아갈 수 있도록 이끄는 게 좋겠다고 생각한다.

예컨대 큰아이는 식사 속도가 느린 편이다. 유치원에서 이런 상황을 잘 모른다면 식사를 다 마치기도 전에 식판을 정리할 수도 있다. 만약 선생님이 이런 상황을 인지하고 있다면 적어도 '식사를 마친 것인지' 물어봐 줄 수는 있지 않을까.

여기에 한 가지 더 중요한 게 있다. 선생님이 아이의 단점이나 개선점을 파악해 공유했다면 부모는 그 의견을 충분히 수용할 수 있어야 한다. 부모가 아이의 단점이나 개선점을 선생님에게 공유할 때, 선생님이 선입견을 갖기보다는 아이가 편안하게 성장할 수 있도록 도와주길 바라는 마음에서였듯 선생님 역시 같은 마음일 것이기 때문이다. 부부가 아이를 키울 때 팀워크가 필요하듯, 부모와 선생님 간 팀워크도 필요하다.

3

학부모는 을, 워킹맘은 병

❖ 간식 안 주는 어린이집, 신고해버리고 싶었지만…

"아이 먹을 건 따로 가져오세요."

둘째는 6개월 무렵부터 어린이집에 보냈다. 돌이 안 된 아이의 어린이집 생활에는 제약이 많다. 유아식을 못 먹는 데다 간식으로 먹을 수 있는 것도 거의 없다. 어린이집 교사는 아이가 먹을 음식을 따로 챙겨오라고 했다. 마음 같아선 이유식을 달라고 하고 싶지만, 까칠한 엄마로 낙인찍어 아이에게 해코지하지는 않을까 걱정이 앞섰다. 밥을 따로 싸서 보내는 수밖에 없다.

매일 직접 만든 이유식을 챙겨 보냈다. 0세반 아이가 많지 않으니 어린이집 입장에서 따로 준비하기 번거로울 수 있다. 백 번 양보해서 밥은 내가 만들어 보낸다 치자. 하지만 간식까지 챙겨 보내야 한다는 건 이해하기 어려웠다. 시기별 발달이 다르듯 먹을 수 있는 음

213

식이 다르다는 것을 어린이집에서 모를 리 없다.

매일 다른 간식을 달라는 것도 아니었다. 유아용 요구르트나 치즈 한 가지로 통일해 매일 같은 것을 주어도 좋다. 샘플도 가져다줬다. 한동안은 0세반 아이들을 위해 간식을 따로 준비해 줬던 것 같다. 하지만 내가 회사에 복직하며 외조모가 등하원을 전담하자 0세반 간식이 사라졌다. 친정엄마는 늘 요구르트를 따로 챙겨 보냈다고 했다.

구청에 전화했다. 정부에서 지원하는 보육료에 식비와 간식비가 포함되는지 알아볼 요량이었다. 포함된다고 했다. 혹 아이 식사나 간식을 제대로 제공하지 않는 어린이집은 신고하라고 했다. 구청 차원에서 경고하고 그래도 시정되지 않으면 몇 개월 운영 정지를 시킬 수 있단다.

망설여졌다. 신고하고 싶었다. 50만 원 안팎 보육료를 정부에서 지원받으며 아이 간식 하나 준비하지 못한다는 것은 말이 안 된다. 그럼 그 보육료는 대체 어디에 쓰인단 말인가. 고민에 고민을 거듭했다.

하지만 신고하지 못했다. 어린이집 교사가 우리 아이를 낙인찍어 미워하고 때릴까 두려웠기 때문이다. 그런 뉴스도 많이 나오지 않나. 좋은 게 좋은 거라고 그냥 내가 사서 보내거나 안 먹이는 편이 낫다고 생각했다. 아이가 빨리 자라 어린이집에서 주는 보편적인 음식을 먹게 되길 기다리는 수밖에 없었다. 교사에게 학부모는 영원한 을이다.

"그런데 어린이집 하원 시간은 몇 시로 하실 건가요? 연장보육교사를 배치하려면 최소 5명의 애들이 있어야 하는데 지금 1명밖에 없어서요. 선생님들이 돌아가면서 당직을 서기는 아무래도 힘들고…"

새 어린이집 입소를 앞두고 어린이집 원장과 통화하던 중 불편한 질문을 받았다. 입학도 안 했는데 하원 시간부터 물어보는 것이었다. 안 그래도 해가 질 때까지 어린이집에 맡기는 게 늘 미안했는데, 원장이 대놓고 얼마나 늦게까지 아이를 맡길 생각이냐고 물어보니 쉽게 대답하기 어려웠다. 아이들을 늦게까지 맡기는 것을 어린이집에서 반기지 않는다는 것을 잘 알기 때문이다.

원장은 오후 5시 이후에 하원하는 아이가 현재까지 1명에 불과하다고 했다. 오후 6시에 하원하겠다고 조심스레 얘기했더니 원장은 "그렇게 되면 지원자가 총 2명뿐이라 연장보육교사 배치가 힘들 수 있다"고 했다. 어린이집 기본 운영 시간은 설명하지 않은 채, 오후 5시 이전에 하원하지 않으면 사실상 보육이 어렵다는 식의 설명이 마음에 들지 않았다. 보건복지부가 운영하는 '어린이집 정보공개포털'에 적힌 해당 어린이집의 운영 시간은 오전 7시 30분부터 오후 7시 30분까지였다.

어린이집 평일 운영 시간을 얘기했더니 원장은 말을 바꿔 "연장

보육교사 배치가 안 될 뿐, 기존 어린이집 교사들이 당직을 서면 된다"면서도 "어린이집 교사들이 늦게까지 당직을 서는 게 아무래도 힘들다"고 했다. 이쯤 되니 어린이집에 보내라는 건지 말라는 건지 답답했다. 기본적인 운영 시간조차 지키지 않겠다는 건데, 학부모에게 교사들의 조기 퇴근을 종용하는 듯한 느낌마저 들었다.

원장은 '2020년 보육 지원 체계 개편'을 근거로 들었다. 정부는 그해 3월부터 돌봄 공백이 없도록 연장보육료를 신설하고 보조·연장 보육교사를 배치하기로 했다. 특히 오후 4시 이후의 연장보육반에는 아이들을 전담해 돌보는 교사가 배치되는데, 연장보육 전담교사는 오후 3시에 출근해 인수인계 뒤 오후 4시부터 7시 30분까지 연장반을 돌보게 된다. 연장반 교사 1명당 아동 정원은 1~2세 반의 경우 5명이다. 연장반이 구성돼 연장보육 전담 교사가 채용되면 정부가 4시간 근무 기준 담임 수당 11만 원을 포함해 한 달에 111만2000원의 인건비를 지원한다.

정부가 보육교사 처우를 개선하고 양질의 보육을 제공하기 위해 만든 정책이지만, 정작 누구를 위한 정책인지 의문이 들었다. 어린이집은 정부 혜택을 받기 위해 일면식도 없는 학부모에게 전화를 돌리며 하원 시간을 일일이 물어야 하고, 맞벌이 부부는 죄인이라도 된 마냥 어린이집 눈치를 봐야 하기 때문이다. 5명 정원을 꼭 채워야 하는 어린이집 속사정이야 있겠지만, 꼭 5명을 채워야만 반이 결성되는

지도 의문이다. 그전에는 연장보육교사 배치와 상관없이 아이를 오후 6시까지 어린이집에 보냈다.

입소를 앞두고 새 어린이집에 상담을 갔다. 원장은 2019년에는 어린이집 학부모들과 합의해 운영 시간을 오후 6시까지로 정하고 모두 그전에 집에 갔다고 했다. 정책은 보완되는데 실제로는 점점 더 아이를 키우기 어려워진다. 저녁 6시 하원마저도 조부모의 도움 없이는 힘들다. 6시에 딱 맞춰 퇴근하는 것도 어려울뿐더러 회사에서 어린이집까지 가는 시간을 고려하면 6시가 훨씬 넘을 수밖에 없기 때문이다. 이대로 간다면 정부의 보육 지원 체계 개편은 빛을 보기도 전에 모두의 불편함 속에 제대로 활용되기 어렵다는 생각마저 든다.

❖ 스승의 날, 선물해도 되나요?

5월 초가 되면 엄마들은 고민에 빠진다. 스승의 날을 맞아 어린이집이나 유치원에 어떤 선물을 하는 게 좋을지, 가격은 어느 정도가 적당할지, 담임 선생님에게만 선물을 해야 하는지 아니면 다른 선생님들까지 챙겨야 하는지 등 고민은 꼬리에 꼬리를 물고 이어진다. 인터넷에는 카네이션, 화장품, 커피 교환권, 백화점 상품권 등 다양한 선물의 인증샷이 올라온다. 선물을 준비해야 한다는 사실을 뒤늦게 깨달은 워킹맘이 스승의 날 전날 밤 부랴부랴 커피 교환권을 사러 주변 카페를 모두 뒤졌지만 품절돼 선물을 못 샀다는 안타까운 사연도 들려온다.

나도 다르지 않았다. 일명 김영란법으로 불리는 '부정청탁 및 금품 등 수수의 금지에 관한 법률(청탁금지법)'이 시행되기 이전에는 스승의 날을 하루 앞두고 마트에서 과일이나 커피세트를 샀다. 아이를 살뜰히 챙겨주고 보살펴주는 것에 대한 고마운 마음도 있었지만, 사실 선물이라도 해야 내 마음이 편했다. 일한다는 핑계로 등하원은커녕 준비물도 제대로 챙겨주지 못한 나 스스로에게 면죄부를 주는 것이었기 때문이다. 스승의 날을 챙김으로써 가까스로 나쁜 엄마를 면한, 그런 느낌이 들었다.

2018년 스승의 날은 달랐다. 당시 아이들이 다니고 있던 구립어린이집에서 선물을 일절 받지 않겠다고 공지했기 때문이다. 하지만 어린이집 교사들의 경우 법적으로 선물이 금지된 것은 아니어서 카네이션 한 송이라도 보내야 하는 게 아닌지 마지막까지 고민이 됐다.

스승의 날 어린이집이나 유치원 선생님에게 선물을 보내도 될지 고민하는 초보 엄마들을 위해 '부정청탁 및 금품 등 수수의 금지에 관한 법률(일명 김영란법)'을 살펴봤다.

어린이집의 경우 대개 원장을 제외한 모든 교사에게 선물이 허용된다. 어린이집 교사는 김영란법 적용 대상이 아니기 때문이다. 김영란법은 초·중등교육법, 고등교육법, 유아교육법 등에 따른 교원을 적용 대상으로 한다. 다만 어린이집 원장은 청탁금지법 적용을 받는다. 정부 예산을 지원받아 누리과정을 운영하는 어린이집 대표자는 공무를 수행하는 사인에 포함되기 때문이다. 국민권익위원회에 따르면 법인·단체 대표는 청탁금지법을 적용하되 그 구성원은 적용 대상에서 제외된다. 국공립, 민간, 가정 등 어린이집 종류와는 관계없이 적용된다. 드물게 공무원 신분인 어린이집 교사가 있는데, 이 교사는 선물을 받으면 안 된다.

유치원은 원장과 교사 모두에게 선물하면 안 된다. 개별적으로 카네이션을 달아주는 것도 안 된다. 국공립 유치원과 사립 유치원 모두 마찬가지다. 다만 과도한 경우가 아니라면 직접 쓴 손 편지를 선물하는 것은 가능하다. 권익위가 2020년 발간한 '청탁금지법 유권해석 사례집'에 따르면 학생에 대한 상시 평가지도 업무를 수행하는 선생님과 학생 사이에는 직무관련성이 인정되므로 원칙적으로 금품 등 수수가 금지된다. 다만 스승의 날을 맞아 학생 대표 등이 선생님께 공개적으로 제공하는 꽃, 카네이션은 허용될 수 있으며 특별히 과도한 경우가 아니라면 학생이 직접 쓴 손 편지, 카드를 제공하는 것은 청탁금지법에 저촉되지 않는다.

긴 고민 끝에 어린이집의 지침을 따르기로 결정했다. 대신 스승의 날 일일교사를 자임했다. 아이들이 다니는 어린이집은 지자체가 지정한 '열린 어린이집'으로, 학부모가 참여하는 '열린 어린이집의 날'이라는 프로그램을 운영하고 있었다. 그 일환으로 학부모가 재능 기부 형식으로 일일교사가 되어 스승의 날 선생님들을 대신해 두 시간가량 아이들을 지도하기로 한 것이다.

스승의 날에 선생님들에게 작은 선물을 해주고자 나도 일일교사를 신청했다. 도화지와 색종이, 크레파스를 준비해 갔다. 아이들이 그림을 그린 도화지 위에 색종이로 접은 카네이션을 붙였다. '선생님 사랑해요'라는 문구도 적었다. 어버이날이면 선생님들이 준비해 아이들 손에 들려 보내던, 그 카네이션이다. 아이들 사진을 코팅해 예쁘게 꾸며 집으로 보낸 카네이션을 정작 선생님들은 한 번도 받지 못했을 게다.

어쩌면 선생님들은 엄마들의 방문을 준비하느라 더 바빴을지도 모르겠다. 아이들 급식이나 어린이집 청결에도 평소보다 신경을 많이 써야 했을 것이다. 그래도 아이 여러 명을 한꺼번에 보느라 점심도 제때 먹지 못하는 교사들의 일상을 엿보고 나니 잠시나마 선생님들에게 잠깐의 여유를 선물했다는 생각에 뿌듯했다. 워킹맘에게 쉬운 일은 아니겠지만 다음 스승의 날에는 선물 대신 재능기부로 마음을 표현해 보는 것은 어떨까.

"항상 못 가서 죄송하고 속상하고 감사드립니다."

첫째가 다니는 어린이집에서 아이들을 데리고 근처 물놀이장에 가는데, 한 엄마가 일하느라 봉사활동에 참여하지 못해 죄송하다고 했다. 어린이집 같은 반 엄마들이 모인 채팅방에는 며칠 전부터 봉사 참여 독촉 문자가 계속 올라왔다. 계속 독촉 문자가 오니 불편했다. 워킹맘인 그 엄마는 얼마나 불편했을까 생각하니 가슴이 먹먹했다. 틀림없이 지난 주말, 남편에게 휴가 낼 수 없느냐고 물어봤을 테고 본인의 남은 연차도 계산해 봤을 것이다. 여름휴가에 이어 하루 더 쉰다고 하기엔 회사에 눈치가 보였을 것이다. 출근길에도, 출근해서도 일이 손에 잡히지 않았을 것이다. 고르고 고른 말을 채팅방에 적고 나서도 마음 한 구석이 답답했으리라.

첫째가 세 돌이 될 때까지 워킹맘이었던 나도 죄송하다는 말을 입에 달고 살았다. 어린이집 행사가 있어도 불참하기 일쑤였고, 미안한 마음은 스승의 날이나 명절 선물로 때웠다. 선물은 아이나 교사를 위한 것이라기보다는 나를 위한 것이었다. 아이를 위해 나도 어린이집에 무언가를 해야 위안이 됐기 때문이다. 같은 반 엄마들과 교류가 없어 시시콜콜 어린이집 이야기를 듣지 않아 스트레스가 덜했는지도 모르겠다.

둘째를 낳고 육아휴직으로 쉬는 동안에는 어린이집 행사에 가급적 참여했다. 그동안 못했던 엄마 노릇을 하려는 것이기도 하고, 복직 후에 하지 못할 것들을 미리 해주는 것이기도 했다. 한 번은 부모가 특별활동 수업을 참관했는데, 수업이 시작되자 한 아이가 서럽게 울었다. 밝고 활달한 남자아이였는데 자기 엄마만 오지 않자 설움이 복받쳐 오른 모양이었다. 교사가 달래 겨우 안정을 되찾았지만 다른 수업이 시작되자 또 서럽게 울었다. 내가 참석하지 못했던 수많은 어린이집 행사에서 우리 아이도 저렇게 서럽게 울었을 것 같아 속상했다.

어린이집 앞에서 아이의 엄마를 우연히 만나 그날 있었던 일을 얘기해 주었다. 괜한 얘기인 줄 알면서도, 누군가 내게 저런 얘기라도 해주면 좋겠다는 마음이 앞섰다. 엄마의 눈시울이 붉어졌다. 평소 밝고 의젓한 아이이기에 그런 일로 울 줄은 몰랐다고 했다. 학부모 참관 수업을 가볍게 생각했다며 얘기해 주어 고맙다고 했다. 다음 학부모 참여 수업 때 아이의 엄마는 시간을 내 참석했다.

"다들 아침밥을 먹고 오나요?"

워킹맘이라서 마음에 걸리는 것 또 한 가지는 아이들의 아침 식사다. 우리 아이들은 아침에 눈도 뜨지 못한 채 몇 입 깨물어 먹는 바나나가 아침 식사의 전부다. 내내 마음이 불편하던 차에 유치원 상담이 있어 담임 선생님께 물었다. 일하는 부모를 둔 가정이라면 대체로 사정이 나와 비슷할 것이라고 생각했다. 아니, 비슷하길 바랐다.

"대부분 먹고 오는 것 같아요. 저도 아이 아침밥 챙겨주고 오는 걸요."

선생님의 대답은 내 예상을 빗나갔다. 출근하기도 바쁜데 다들 참 부지런했다. 나만 불량엄마였나, 몹쓸 죄책감이 들었다.

"언니, 언니도 아이 아침밥 챙겨 먹이고 어린이집 보내?"

유치원 선생님의 이야기가 믿을 수 없어 친한 워킹맘에게 물었다.

"그럼."

내 예상은 또 한 번 빗나갔다. 그는 늦은 저녁 아이를 재우고 간단히 국을 끓여놓은 후 아침에 국에 밥을 말아 먹인다고 했다. 친정 엄마가 주신 반찬도 곁들인다고 했다. 6시 반에 일어나 출근 준비를 하고 7시에 일어나는 아이를 씻기고 밥 먹이고 심지어 책까지 한두 권 읽어주고 출근한다고 했다.

물론 나는 상황이 달랐다. 집에 있는 시간이 절대적으로 부족했다. 저녁 8시가 다 돼 친정집으로 퇴근해 아이 둘을 돌보다가 작은아이를 재우고 나서 집에 오면 저녁 10시, 큰아이를 재우러 침실에 들어갔다 11시께 같이 잠들기 일쑤였다. 다음 날 아침에 일어나면 출근하기 바빠 바나나라도 먹이는 게 다행일 정도다. 그럼에도 다른 아이들이 아침밥을 먹고 온다고 하니 어쩐지 큰아이에게 미안한 마음이 들었다. 불량엄마 만나 아침마다 바나나만 먹는 것 같아서.

생각해 보면 우리 엄마도 아침마다 밥을 차려주셨다. 더 자고 싶어서, 눈 뜨자마자 밥 먹기가 싫어서 안 먹겠다고 하면 엄마는 늘 조금만이라도 먹고 가라고 하셨다. 밥맛이 없는 날은 생과일 이것저것 갈아 주스를 만들어주셨다. 결혼하고 나선 엄마 밥이 그리웠는데, 아이들을 낳고 키우다 보니 엄마가 대단하다는 생각이 들었다. 새벽부터 일어나 식구들 식사를 준비하는 것만큼 수고로운 일이 없었을 텐데 말이다.

"일하는 엄마가 아이들 아침을 잘 먹여야 한다는 강박을 버리세요."

세 명의 자녀를 둔 한 중소기업 대표의 말이 떠올랐다. 그도 나처럼 매일 아침 죄책감에 하루를 시작하고 정신없이 일하다 깜빡하고 전날 준비물을 못 사 죄송하다는 말을 입에 달고 살았겠지, 하는 생각이 들었다. 그리고 찾아온 우울증에 완벽한 엄마, 완벽한 아내, 완벽한 여성으로서의 짐을 내려놓고 나니 홀가분해졌다는 그의 말이 어쩐지 내게 위로가 됐다. 우리 엄마처럼 아침마다 따뜻한 밥을 해주진 못하더라도 아이 얼굴 볼 때마다 워킹맘이라 미안하다는 생각을 갖는 대신 따뜻한 한마디, 따스한 포옹을 해줘야지, 스스로 다짐해 본다.

✥ "신용카드 안 받아요" 사립 유치원의 황당한 이유

"카드 단말기가 없어서요. 교육비는 현금으로만 주셔야 돼요."

서울 강남 한 사립 유치원에 입학을 앞둔 원아의 학부모 이 모씨는 최근 유치원으로부터 황당한 이야기를 들었다. 유치원에 카드 단말기가 없어 교육비는 전액 계좌이체만 가능하다는 것이다. 편의점에 1000원짜리 우유도 카드로 살 수 있는 요즘 시대에 유치원 교육비는 현금으로만 받는다는 게 납득이 되지 않았다. 1년이면 600만원, 유치원에 다니는 3년간 1800만 원으로 적지 않은 돈이라 카드로 결제하고 싶었지만, 괜히 얼굴 붉혔다가 아이에게 불이익이 생길까 싶어 마음을 접었다. 50만 원의 교육비에 20만 원 입학금을 더해 70만 원을 현금으로 보냈다.

서울 강북 한 사립 유치원에 자녀의 입학을 앞둔 김 모씨 사정도 다르지 않았다. 전화로 이런저런 설명을 받던 중 교육비를 카드로 결제하고 싶다고 말하니 원장이 난색을 표했기 때문이다. 이유는 앞의 유치원과 같았다.

"카드 단말기가 없어서요. 일단 첫 달은 계좌이체를 해주세요."

그래도 강남 사립 유치원보다는 나았다. 유치원장이 "곧 단말기를 마련할 테니 다음 달에 다시 전화 달라"고 했기 때문이다. 카드 결제는 단말기 없이 ARS 등을 통해서도 가능하지만 사립 유치원들은 하나같이 카드 단말기가 없다는 이유로 카드 결제를 거부했다.

그러나 교육부 설명은 다르다. 2015년 1월부터 보육료·유아학비 지원 카드 통합을 위해 국공립·사립 유치원을 대상으로 아이행복카드(통합카드) 단말기를 무상 보급했고, 대부분의 유치원이 단말기를 보유하고 있다고 교육부는 설명했다. 당시 교육부는 유치원과 어린이집으로 이원화된 지원 카드 시스템을 통합하면서 보안성이 높은 단말기로 교체한 바 있다. 원아들 부모들은 3월 초 이 카드를 지참하고 유치원을 방문해 유아 인증을 받고 학비를 지원받는다.

교육부에 따르면 사립 유치원 유아학비는 현금뿐만 아니라 카드 결제도 가능하다. 아이행복카드나 국민행복카드뿐 아니라 원아 부모가 보유한 개별 신용카드를 통해서도 결제가 가능하다는 것이다. 원비 납부 방법은 학부모에게 선택권이 있으며, 납부 내역은 '유아학비' 사이트를 통해 확인할 수 있다고 교육부는 설명했다. 유치원 교육비는 연말정산 시 소득공제도 가능하지만, 실제로는 현금영수증은커녕 '국세청 연말정산 간소화 서비스' 등록도 하지 않는 경우가 많다.

2018년 10월 국정감사에서 박용진 더불어민주당 의원이 사립 유치원 비리를 폭로한 후 '유치원 3법'(사립학교법·유아교육법·학교급식법 개정안)이 만들어지는 등 정부는 사립 유치원의 회계투명성을 강화하기로 했지만, 몇 년이 지나도록 주먹구구식 운영은 달라지지 않고 있다. 교육비뿐 아니라 특별활동비, 차량비, 현장학습비 모두 현금으로 납부하라는 곳이 태반인데, 사립 유치원 비리를 척결하겠다고 한 교육부는 유치원 카드 단말기 설치율조차 파악하지 못하고 있다.

교육부 관계자는 "(단말기 설치율 관련) 통계는 가지고 있지 않다"며 "원비 납부는 현금, 카드 결제 등 학부모가 편한 방법으로 하면 된다"고 설명했다. 현장에선 카드 단말기가 없다는 이유로 카드 결제를 거부하는 유치원이 대다수인데 "카드 단말기 설치가 의무화된 것은 아니며 수치는 파악하고 있지 않다"는 것이다. 유치원 납부 현황에 대한 통계자료도 "추출해 봐야 알 수 있지만 현재 가지고 있는 것은 없다"고 했다. 가장 최근의 자료가 2013년 안민석 의원이 전국 시도교육청에서 제출받아 공개한 '2013년 시도별 사립 유치원 신용카드 단말기 설치 현황'이다. 그에 따르면, 그해 6월 기준 전국 사립 유치원 4061곳 중 신용카드 단말기가 있는 곳은 816곳(20.1%)으로 전국 유치원 5곳 중 4곳은 신용카드를 받지 않는 것으로 나타난 바 있다.

5세 아이의 유치원 입학을 앞둔 김 모씨는 결국 교육비와 입학금 수십만 원을 모두 현금으로 냈다. 3년간 아이를 맡겨야 하는데 아이에게 해코지라도 할까 조심스러웠다. 이 모씨 역시 3년간 수천만 원에 달하는 교육비를 계좌이체했다. 매년 3월이면 유아학비 인증을 위해 아이행복카드(또는 국민행복카드)를 유치원에 보내는데 단말기 없이 어떻게 인증하는지 의문이다.

혼자 밥을 먹는 게 능숙하지 않은 만 3세 큰아들을 유치원에 보내면서 가장 많이 걱정했던 건 아이의 점심이었다. 밥 먹는 속도가 느린 데다 매운 음식을 잘 먹지 못해서다. 매일 저녁 "오늘 점심은 뭐 나왔어? 다 먹었어?"라고 묻는 게 일상이었고 그때마다 아이 대답은 영 시원치 않았다. 그중에서도 가장 마음에 걸렸던 것은 아이가 이따금 "○○가 매워서 못 먹었다"고 말할 때다. 매운 반찬을 빼고도 먹을 만한 반찬이 있었는지, 식사시간이 모자라진 않았는지 걱정이 꼬리에 꼬리를 물었다. 당시 큰아이는 초등학교에 딸린 병설 유치원에 다니고 있었다.

마침 신문에 '만 3세에 짬뽕 국물… '유치원 밥' 맞나요'라는 기사가 났다. 비리와 횡포가 난무한 사립 유치원을 피해 병설 유치원에 보낸 워킹맘의 자녀가 매일 짬뽕밥, 얼큰 수제비, 육개장 등 맵고 자극적인 음식을 먹고 배탈이 난다는 내용이었다. 남일 같지 않았다. 내친김에 초등학교 홈페이지에 들어가 급식 메뉴를 점검했다. 그날따라 새빨간 반찬에 아이가 먹을 것이라고는 밥과 김밖에 없었다. 이렇게 매운 음식이 나올 때마다 아이는 반찬 없이 밥만 먹었던 건지, 배신감과 미안함이 몰려왔다. 나 역시 사립 유치원의 비리를 피해 공립 유치원을 택한 워킹맘이었다.

유치원 입학 전, 유치원생도 초등학생들과 같은 급식을 먹는다는 설명은 들었지만 막상 초등학교 식단을 눈으로 보니 머릿속이 하얘졌다. 13세가 먹는 초등학교 식단을 5세 아이에게 주는 발상 자체가 당황스러웠다. 신생아에게 젖 대신 밥을 주는 것과 뭐가 다른 걸까. 하원길에 배고플까봐 들고 간 과자와 빵을 허겁지겁 먹는 모습을 보거나, 짜거나 매운 음식을 먹어 입 주변이 발갛게 부어오르는 모습을 보면 더 속상했다.

교육부의 유치원 급식 운영 관리지침서를 보면 매운 떡볶이, 장아찌류 등 맵고 짠 음식은 삼가도록 돼 있다. 지침서에는 특히 유아는 저작능력이 약하고 소화 흡수 기능이 미숙해 소화장애를 일으키기 쉬우므로 싱겁고 담백한 음식으로 구성하도록 하고 있다. 만 3~5세의 평균 신장과 체중을 고려해 필요한 에너지(일 1500㎉)가 초등학교 고학년과 같을 리도 만무하다. 한국인 영양소 섭취 기준을 봐도 유아(3~5세)와 초등학생의 기준은 다르다.

전문가들은 아이들의 신체 기준이나 특성들을 고려하지 않고 유치원생과 초등학생에게 같은 식단을 제공하는 것은 무리가 있다고 지적하고 있다. 소화 능력과 영양섭취 기준이 다른데 효율성이나 예산을 핑계로 같은 식단을 적용하면 안 된다는 것이다. 열량이 높은 음식을 유치원생이 지속적으로 섭취하면 비만으로 이어지기도 쉽다.

하지만 당장 아이를 유치원에 보내야 하는 맞벌이 부부가 유치원 급식을 문제 삼기란 쉬운 일이 아니다. 유치원 내 급식실을 따로 설치해야 하는 현실적인 문제도 있을 수 있기 때문이다. 초등학생이 성인 자전거를 탈 수 없듯, 유치원생도 청소년 자전거를 타기엔 아직 서툴다. 아이들이 연령에 맞는 먹거리를 먹을 수 있도록 교육부와 지자체가 힘을 모아야 할 때다.

❖ 국공립 유치원의 방학

"엄마, 나는 방학이 없었으면 좋겠어."

당시 초등학교 병설 유치원에 다니던 다섯 살 큰아이는 여름방학 기간이 되자 부쩍 유치원에 가기 싫어했다. 한 달이나 되는 여름방학 동안 유치원 담임교사와 같은 반 친구들이 유치원에 나오지 않기 때문이다. 매일 아침 오늘 하루만 휴가 내면 안 되는지 내게 묻곤 했다.

맞벌이 부모를 둔 탓에, 큰아이는 5~7세 통합반에서 하루 종일 형·누나들과 시간을 보냈다. 담임교사가 보고 싶다거나 원래 반으로 돌아가고 싶다는 말을 종종 했다. 그럴 때마다 나는 매번 출근해야 한다는 이유로 유치원에 아이 등을 떠밀었다. 새로운 대체교사와 새 환경에 적응하느라 힘든 모양이었다. 적응이 끝날 때쯤이면 방학도 끝날 것이고, 이런 일을 매년 한 달씩 두 번이나 겪어내야 했다.

초등학교 급식을 먹는 유치원 아이들은 방학 동안 외부업체 도시락을 먹었다. 학교가 방학기간에는 급식을 운영하지 않기 때문이다. 모든 일정이 초등학교 중심으로 돌아가고 아이가 힘들어하니 나도 방학이 없었으면 좋겠다는 생각이 들었다. 장마철에는 셔틀버스 운영이 간절했다. "맞벌이 부부는 자녀를 사립 유치원에 보내는 게 낫다"던 육아 선배의 충고가 그제야 귀에 들어왔다.

실제 방학 중 급식 미실시, 긴 방학, 혼합반 운영 등은 국공립 유치원 이용을 저해하는 원인으로 지적된다. 국공립 유치원 이용 현황을 조사한 정부의 용역 보고서를 살펴보면 2018년 국공립 유치원 정원 10자리 중 2자리는 비어 있는 것으로 나타났다. 충남과 경남, 강원 등은 정원 충족률이 70% 수준에 불과하다. 접근성이 떨어지거나 방과 후 돌봄 문제, 방학 중 교사가 없는 점 등이 국공립 유치원을 이용하지 않는 원인으로 지적됐다. 방과 후 과정 특성화 프로그램을 운영하지 않거나 방학 중 방과 후 급식을 실시하지 않는 점, 짧은 교육과정과 긴 방학 같은 운영시간에 대한 불만족, 혼합반 운영 등도 원인 중 하나다. 나만의 고민이 아니라는 소리다.

특히 병설 유치원의 경우 방학 중 초등학교 차량을 이용할 수 없고 급식이 초등학생 기준으로 돼 있어 유아 신체 발달 수준에 적합하지 않다는 점, 겸임 원장·원감의 유아교육에 대한 이해 부족 등이 문제점으로 지적됐다. 보고서는 정부의 주요 정책인 국공립 유치원

이용 유아 비율 40% 확충 목표를 달성하기 위해 이 같은 문제점을 개선해야 한다고 제언했다. 구구절절 옳은 말이다.

물론 장점도 있다. 사립 유치원에 비해 비용이 적게 들고, 비교적 투명하고 체계적이다. 여기에 위 문제점이 개선된다면 너 나 할 것 없이 국공립 유치원에 보내겠다고 줄을 설지도 모를 일이다.

❖ 아동학대에 대처하는 부모의 자세

사고로 보기에는 미심쩍은 멍이나 상처가 있거나, 상처나 상흔에 대한 아이나 보육기관의 설명이 불명확하다면? 보육기관에 대해 거부감과 두려움을 보이고 어린이집이나 유치원에 가는 것을 두려워한다면? 아이가 매우 공격적이거나 위축된 모습 등 극단적인 행동을 한다면? 이런 경우에는 아동학대를 의심해 봐야 한다. 모든 사건에는 징후가 있다.

아동학대란 보호자를 포함한 성인이 아동의 건강 또는 복지를 해치거나 정상적 발달을 저해할 수 있는 신체적·정신적·성적 폭력이나 가혹행위를 하는 것과 아동의 보호자가 아동을 유기하거나 방임하는 것을 말한다(아동복지법 제3조 7호). 보건복지부 산하 중앙아동보호전문기관은 아동학대에 대해 '적극적인 가해행위뿐 아니라 소극적 의미의 단순 체벌 및 훈육까지 아동학대의 정의에 명확히 포함하고 있다'고 설명한다.

아동보호전문기관에 따르면 아동학대는 신체학대, 정서학대, 성학대, 방임 및 유기 등 네 가지 유형으로 나뉘는데 다음과 같은 징후를 보이면 아동학대를 의심해 봐야 한다. 설명하기 어려운 신체적 상흔이나 겨드랑이, 팔뚝 안쪽, 허벅지 안쪽 등 다치기 어려운 부위의 상처, 공격적이거나 위축된 극단적 행동, 보육기관에 대한 지나친 두려움 등이 있다면 신체학대를 의심해 볼 필요가 있다. 언어장애, 퇴행, 스트레스로 인한 탈모, 특정 물건을 빨거나 물어뜯음, 행동장애, 실수에 대한 과잉반응, 극단행동, 과잉행동 등을 보인다면 정서학대를 의심해봐야 한다. 걷거나 앉는 데 어려움이 있거나 특정 유형의 사람들에 대한 두려움, 회음부 통증과 가려움, 항문 주변의 멍이나 찰과상이 있다면 성 학대를, 발달 지연이나 비위생적인 신체 상태 등은 방임·유기를 의심해 봐야 한다.

아동학대가 의심되거나 발견되면 가장 먼저 무엇을 해야 할까? 112에 신고해야 한다. 아동보호전문기관에 따르면 신고자는 가능한 한 많은 정보를 파악해 즉시 112에 신고해야 한다. 아동학대는 고질적으로 반복되고 확대되는 경향이 있어 초기에 적절히 대응하지 않으면 만성화될 우려가 있기 때문이다. 학대 의심 내용과 아동학대 행위자, 신고자의 정보를 있는 그대로 전하면 된다.

112에 접수되면 경찰이 현장에 출동해 학대 발생지와 관련 장소, 신고인, 목격자 등을 조사하고 증거를 수집한다. 또 아동보호전문기관, 공무원 등이 현장조사를 통해 아동학대 여부를 판단한다. 담당 공무원은 필요한 행정조치를 내리고 경찰은 수사를 통해 혐의를 밝힌다. 동시에 아동보호전문기관 등은 심리치료 지원이나 심리검사, 심리치료 등 서비스 지원을 위한 계획을 세운다. 경찰이 수사를 마치면 검사에게 사건을 송치하고 조사를 거쳐 형사판결을 받게 된다.

신고 시 주의사항은 없을까. 아동보호전문기관에 따르면 보육기관에 신고 내용을 미리 알려서는 안 된다. 아동학대 증거가 은폐될 수 있기 때문이다. 또 가능한 한 증거 사진과 영상 등을 확보해야 한다. 아이에게는 큰일이 아닌 것처럼 평상시처럼 대하고, 진술의 오염이 있을 수 있으므로 학대에 대해 계속 캐묻거나 유도 질문을 하지 않는 게 좋다. 성 학대의 경우 증거 확보를 위해 씻기거나 옷을 갈아입히지 않아야 한다.

평상시에는 어떻게 해야 할까? 매일 아이의 건강과 안전을 확인해야 한다. 상처는 없는지, 아이가 이상행동을 보이지 않는지 관찰하는 것도 중요하다. 의사소통이 가능한 아이라면 학대 여부에 대한 질문을 분기에 한 번씩이라도 던져보길 권한다.

아동복지법 제2조에 따르면 아동은 자신 또는 부모의 성별, 연령, 종교, 사회적 신분, 재산, 장애 유무, 출생지역, 인종 등에 따른 어떠한 종류의 차별도 받지 않고 자라야 한다. 또 유엔아동권리협약에 따르면 아동은 모든 형태의 학대와 방임, 차별, 폭력, 고문, 징집, 부당한 형사 처벌, 과도한 노동, 약물과 성폭력 등 유해한 것으로부터 보호받을 권리가 있다. 아이를 학대로부터 지켜주는 것은 어른들의 의무이자 책임이다.

4

워킹맘의 책육아

❖ 우리 아이 독서 습관 어떻게 길러줄까?

"엄마, 책 네 번만 읽고 자요."

책 읽어주는 것조차 피곤해 잽싸게 불을 끄고 잠자리에 누워도 소용이 없다. 첫째는 잠자기 전에 꼭 책 네 권을 읽고 잔다. 기분이 좋으면 "네 권 더!"를 외치는데 가끔은 그 말이 두렵다. 일하는 엄마를 대신해 매일 저녁 책 읽는 습관을 만들어준 할머니가 알면 큰일 날 소리다.

자기 전에 읽는 책은 대부분 창작 동화나 생활 동화다. 영어 동화책도 가끔 읽어준다. 중고로 산 전집도 있고 낱권으로 산 책도 많다. 가끔은 아빠가 회사 근처 도서관에서 빌려오기도 한다. 매일 네 권씩 읽다 보니 중복되는 책이 많아 책 내용을 외워버린 경우도 많다. 실수로 한 장이라도 빼먹으면 엄마를 혼내기 일쑤다.

책은 그날그날 시간 되는 사람이 읽어준다. 외할머니나 엄마가 읽어주는 날이 많고, 공휴일에는 아빠도 책 읽기에 적극 참여한다. 아이와 어떻게 놀아줄지 몰라 막막한 워킹대디라면 아이와 하루에 책 한 권을 같이 읽는 것만으로도 쉽게 친해질 수 있다. 첫째가 어렸을 땐 사운드북으로 동요를 듣고 헝겊책을 보거나 낱말 카드를 가지고 놀았다.

집집마다 있다는, 책을 읽어주는 펜인 '세이펜'은 없다. 비용도 비용이지만 육성으로 책을 읽어주는 게 아이 정서에 좋을 것 같아서다. 영어 동화책은 그림이 귀여워서인지 아이가 관심을 보인다. 부수적으로 내 영어 실력도 향상되는 효과도 볼 수 있다.

Tip 우리 아이에게 딱 맞는 독서 교육법

전문가들은 자녀의 발달 단계에 따라 독서 교육법을 달리하라고 말한다. 책을 입에 물고 바닥에 널어놓고 문질러보며 책을 탐색하는 영아들에게는 엄마가 "책은 읽는 건데…" 하며 저지하기보다는 자유롭게 탐색할 수 있도록 도와주는 것이 중요하다. 아이들이 자유롭게 탐색하는 것을 저지하면 아이가 책을 싫어하게 될 수도 있다고 한다. 책에 호기심을 가지고 놀다 보면 그림과 글자에 관심을 갖는 시기가 오고, 그때 옆에서 읽어주면 된다.

유아기에 접어들면 영아처럼 책을 만지고 밟고 뜯는 등 감각적 경험을 위한 도구로 사용하는 것을 넘어선다. 이 시기에는 그림을 통해 즐거운 경험을 하므로 예술성이 있는 좋은 그림, 문학적으로 흥미롭고 교육적 가치도 있는 책을 선택해 읽어주는 게 좋다. 다양한 책을 많이 보는 것도 좋지만 한 권의 책을 반복적으로 읽는 것도 도움이 된다. 반복 독서를 하다 보면 매번 새로운 의미를 발견할 수 있고 글자도 읽을 수 있게 되기 때문이다. 부모가 글에 집착하기보다는 그림을 보고 아이와 함께 상상력을 펼쳐 보는 것도 좋다.

전문가들은 또 책을 고를 때 아이에게 스스로 책을 고를 수 있는 기회를 주는 것이 좋다고 조언한다. 아이가 책장을 넘겨보며 등장인물을 살피고 어떤 색으로 표현됐는지 등을 보고 책을 골라오면 칭찬해 주는 것이 좋다. 부모와 아이가 책을 반반씩 골라 읽는 것이 바람직하다. 도서관에서 다양한 그림책을 펼쳐보고 탐색한 뒤 서점에 가서 책을 구입하는 방법도 추천할 만하다.

❖ 아이의 뇌를 자극하는 독서법

"책 표지와 면지를 아이와 함께 보고 이야기를 나눠보세요."

의무감에 참석한 어린이집 부모교육에서 뜻밖의 조언을 들었다. 그동안 아이에게 책을 수백 권 읽어주었지만 한 번도 시도해 보지 않았던 참신한 방법이었다. 책 앞뒤 표지가 나란히 보이도록 펼쳐놓고 아이와 함께 책 내용을 상상해 보라는 것이다.

독서 전문 강사가 예로 든 책은 대부분 앞뒤 표지가 하나의 그림처럼 연결돼 있었다. 캄캄한 밤부터 대낮이 될 때까지 친구들을 도와주는 무당벌레 이야기가 표지에 고스란히 담겨 있었고, 바다수영

대회의 승자 이야기는 표지를 통해 짐작해 볼 수 있었다. 그러고 보니 책을 출간한 지인들이 출판에 앞서 표지를 결정할 때 겉장 앞면과 뒷면을 나란히 놓고 출력해 살피는 것을 본 적이 있다.

집으로 돌아와 다른 동화책들 표지를 펼쳐 보니 저마다 의미를 가진 그림들이 연결돼 있었다. 흥미를 끄는 귀여운 그림이 앞에, 이야기의 결말을 추론해 볼 수 있는 그림이 뒤에 담겨 있는가 하면 주인공이 상상하고 바라는 장면이 뒷 표지를 장식하기도 했다. 강사는 책 읽기에 앞서 아이와 책 표지를 살피며 이야기를 짐작해 보고 상상해 보는 시간을 갖는 게 아이의 상상력을 자극하는 데 도움이 된다고 했다.

그동안 나는 책 제목을 읽자마자 황급히 표지를 넘겼다. 빨리 이야기를 들려주고 싶기도 했고 책 제목을 알려 줌으로써 표지의 역할을 다 했다고 생각했기 때문이다. 글씨를 모르는 아이에겐 책 제목보다 표지의 그림이 중요하기에 표지 그림은 작가가 가장 공들인 것일 텐데 한 번도 유심히 본 적이 없었다.

강사는 또 표지를 넘기자마자 나오는 면지도 잘 관찰해 보라고 했다. 책 내용을 암시하거나 상징하는 이미지나 색깔이 들어 있기 때문이다. 책을 한두 장만 읽고 덮는다거나 이야기 전개와 무관한 부분에 관심을 보이더라도 혼내지 말고 아이 반응에 호응해 주라고 조언했다. 같은 책을 반복해서 읽어달라는 아이의 요청에 부모는 짜증 내지 말고 응해주라고 했다. 반복 독서를 통해 미처 알지 못했던 것을 발견할 수 있다고 설명했다.

그제야 지난밤 첫째가 왜 침팬지 책을 세 번이나 연달아 읽어달라고 했는지 이해가 됐다. 단지 잠을 자기 싫어서 부리는 투정으로 생각했는데 강연을 듣고 보니 그게 아니었다. 책 내용을 모두 이해했으니 이젠 그림에 더 집중해서 볼 준비가 됐다는 신호였다. 엄마가 읽어주는 게 재미있어 또 듣고 싶다는 표현이었던 것이다.

'남들도 다 사주니까', '읽을 때가 됐으니까' 하는 생각으로 수십만 원어치 전집을 사줬지만 정작 어떻게 읽어줄지에 대한 고민은 부족했다. 그림을 함께 보며 상상력을 발휘해 읽어주는 게 좋다는 얘기는 익히 들었으나 막상 책을 읽어줄 때는 내용을 잘 전달해 줘야 한다는 의무감에 글씨에 집착한 때가 많았다. 생각지도 못했던 곳에서, 아이와 함께 상상의 나래를 펼치며 동화나라로 여행을 떠나는 방법을 배웠다.

❖ 우리 아이에게 맞는 전집 뭐가 있을까

우리 집엔 그 흔한 유아용 책장이 없었다. 임신하자마자 사두기도 한다는 전집을 안 샀기 때문이다. 막 100일이 지난 아이를 키우는 친구 집 책장에 책이 빼곡히 꽂힌 것을 보고도, 베이비페어에서 수십만 원의 책과 세이펜을 샀다는 지인의 이야기를 듣고도, 두 살 조카에게 70만 원 상당의 전집을 선물한 친언니의 얘기를 듣고도 동요하지 않았다. 애초에 전집을 살 마음이 없었기 때문이다.

남편과 나는 그때그때 필요한 책을 낱권으로 사주기로 했다. 돌 전까지는 버튼을 누르면 동요가 나오는 책 대여섯 권과 의성어·의태어를 익힐 수 있는 책, 낱말카드 책 두어 권을 사줬다.

두세 살 때는 이웃에게 받은, 2002년에 출판된 그림책 20여 권을 매일같이 보여줬다. 같은 책만 읽다 보니 아이는 책을 외우다시피 했고 한두 장 빼먹고 읽으면 금세 들통이 났다. 가끔 도서관에서 동화책을 빌려 읽어주기도 했으나 빌리고 제때 반납하는 게 귀찮아 그마저도 잘 안 하게 됐다.

그러다 지인의 집에 놀러 갔다가 우연히 책장에 꽂힌 '돌잡이책'을 보게 됐는데, 첫째가 세 살이 넘도록 돌잡이책을 몰랐을 정도로 무심했다는 생각에 미안해졌다. 보다 못한 친정엄마가 책이 더 필요하다고 했고 뒤늦게 유아 전집에 대해 알아보니 종류가 너무 많아 혼란스러웠다.

매일 밤 아이들을 재우고 온라인 카페를 들락거리며 유아 전집을 구입한 엄마들의 후기를 읽고, 육아 선배인 지인들에게 묻고 또 물었다. 베이비페어에 참가한 업체에게 상담도 받았다. 이들의 말을 종합하면 2~3세 때 창작동화와 생활동화를 읽기 시작해 자연관찰, 전래동화, 명작동화 등의 순으로 전집을 늘려가면 좋다. 홈쇼핑이나 중고 서적 사이트를 통해 구입하는 게 좋다는 조언도 받았다.

가장 먼저 창작동화를 구입하기로 했다. 가격, 출판사, 권수, 그림, 글의 양 등 나름의 기준을 세우고 충족하는 전집을 구매하는 게 좋다. 나는 회사 선배가 추천한 차일드애플 창작동화 50권을 20만 원에 구매했다. 중고책으로 살 수도 있었지만 둘째까지 함께 보여줄 요량에 새 책으로 구입했다.

첫째 반응은 시큰둥했다. 텔레비전을 보는 아이에게 책을 들이밀었으니 그도 그럴 만했다. 매일 자기 전 4권씩 읽고 자니 앞으로 많이 읽겠지, 하는 생각에 조급해하지 않았다.

다음은 생활동화였다. 지인에게 추천받은 책을 사려고 알아보는데 성차별적 요소가 강하다는 후기가 많았다. 엄마는 매일 앞치마를 두르고 집안일을 하고 아빠는 거실에서 신문을 보느라 바쁘다는 내용이 들어있다고 했다. 그에 비해 프랑스에서 온 다른 유명 동화책은 엄마가 집에서 컴퓨터를 하고 정장 바지를 입고 출근하며 아빠가 요리를 하고 둘째를 보살핀다는 내용이 포함돼 있다고 했다. 선택은 부모의 몫이지만 나는 후자를 구입했다.

❖ 책육아, 엄마 욕심은 곱게 접어 하늘 위로

코로나19로 집에 머무는 시간이 늘면서 아이들과 보내는 시간도 덩달아 많아졌다. 외출도 쉽지 않아 부모는 퇴근 후 저녁과 주말에 아이들과 뭐 하고 놀지 고민하기 바쁘다. 물감놀이, 장난감 조립, 음식 만들기 등 아이디어를 짜보지만 대부분의 활동이 한두 시간이면 금세 끝난다. 코로나19 확산으로 학원 휴원이 잦아지고 방문 학습지를 하기도 쉽지 않다 보니 시간도 때우고 아이 공부도 시킬 겸 책을 꺼내드는 부모도 늘었다. 매일 아이와 함께 읽은 책을 사회관계망서비스(SNS)에 기록하는 모습은 흔히 볼 수 있다. 사람들은 이를 '책육아'라고 부른다.

코로나19 확산으로 '책육아'가 뜨고 있다. 사회적 거리 두기에 따라 아이들이 집에 머무는 시간이 늘면서 유아·아동·초등학습 분야 도서 매출이 큰 폭으로 증가했다. 온라인 수업과 가정 학습이 많아졌기 때문이다. 교보문고에 따르면 2021년 1월부터 5월까지 초등학습 분야 도서는 전년 동기 대비 매출이 36.2% 늘었다고 한다. 아동 도서는 22.5% 증가했다.

주변에도 '책육아'를 실천하는 가정을 흔히 볼 수 있다. 거실 전면을 책장으로 빽빽하게 채운 집이 있는가 하면, 매일 몇 권의 책을 읽었는지 사진을 찍어 SNS에 기록하는 부모도 있다. 육아 인플루언서 인스타그램 계정을 통해 유명 전집을 할인된 가격에 공동구매하는 새로운 구매 형태가 등장했고, 중고거래 플랫폼인 당근마켓에서는 전집이 저렴한 가격에 빈번하게 거래된다.

책 읽기를 중심에 두고 자녀를 기르는 육아 방식을 마다할 부모는 아마 없을 것이다. 나 역시 첫째 아이를 낳고 수차례 전집을 사들였다. 아이를 재우고 나면 밤늦도록 각종 온라인 커뮤니티를 뒤지며 연령대에 맞는 전집을 고르고 또 골랐다. 유아교육전을 찾아다녔고, 중고거래를 위해 아이를 카시트에 태우고 책을 받으러 가기도 했다. 전집을 구입해 책장을 채우고 나면 마치 '책육아'의 절반을 끝낸 것처럼 뿌듯했다.

한번은 이사 때문에 집에 있는 책을 대거 처분한다는 이웃의 글을 보고 중고거래를 하러 집에 찾아간 적도 있다. 수십 권의 책을 단돈 몇만 원에 샀고, 그 책들은 큰아이가 클 때까지 우리집 베란다에서 잠자고 있었다. 정작 2019년 우리 집이 이사할 때에는 애물단지가 돼 버릴 수도 없고 둘 수도 없는 처지에 이르렀다. 이쯤 되니 그동안 내가 숱하게 사들인 전집은 아이를 위한 것이 아니라 내 욕심을 채우기 위한 것은 아니었나 하는 생각이 들었다.

돌이켜보면 나는 전집을 사는 데만 열성이었지, 책을 더 읽어달라는 아이의 요청에는 피곤하다는 핑계로 "딱 한 권만 읽고 자자"고 설득한 적이 많았다. 아이는 전집의 모든 책을 좋아하지 않았고, 마음에 드는 두세 권의 책만 모서리가 닳도록 읽었다.

책육아에 성공했다고 자부하는 엄마들은 자신이 저술한 책을 통해 "책육아는 책이 아니라 아이가 중심이어야 한다"며 "부모의 욕망을 누르고 아이가 책을 통해 뭘 즐거워하고 원하는지 살펴봐야 한다"고 조언한다. 또 다른 저자는 "아이가 몇 권의 책을 읽었는지보다 부모와 책을 읽으며 교감한 순간을 기억하게 해주는 게 중요하다"고 조언한다.

남의 집 거실에 책이 몇 권인지, 그 집 아이가 전집을 얼마나 많이 읽었는지, 그래서 한글을 얼마나 빨리 읽고 썼는지 조바심 내지 말자. 아이와 물감놀이 하듯 책을 매개로 한 번쯤 재미난 상상을 해

보고 즐거운 그림을 그렸다고 생각하자. 아이가 즐거워야 진짜 '책육 아'다.

5
우리 아이 공부 습관 잡기

❖ 한글 공부 언제부터 해야 할까?

"저희 아이도 얼마 전 한글 학습지 시작했어요."

큰아이가 5살이 되자 주변에서 한글 공부를 시작했다는 아이들이 하나둘 늘어났다. 유치원 친구는 선생님이 일주일에 한두 번 집에 와 한글 낱말을 가르쳐주는 학습지를 시작했다고 했다. 아이는 곧잘 앉아서 흥미를 보이며 순항 중이라고 했다.

더 일찌감치 한글 공부를 시작했다는 아이도 있었다. 큰아들과 5살 동갑내기인 지인 아들인데, 역시 선생님이 집으로 찾아오는 학습지로 시작했지만 아이가 하기 싫어해 다소 어려움이 있다고 했다.

초등학교에 입학하기 전까지는 아이에게 오감을 일깨워주고 자연을 만끽하게 해주는 걸 우선시하겠다는 확고한 생각이 있었다. 하지만 그래도 신경이 쓰이는 건 어쩔 수 없었다. 내 아이만 뒤처지지 않을까 하는 불안감 때문이다. 국내 방문학습지 시장 규모가 3조원이라고 하니 우리나라 부모들의 학구열과 불안감은 실로 놀랍고 두렵다.

다행히 아이는 유치원에 입학한 후 한글에 관심이 생겨 스스로 자기 이름을 그리거나 읽기 시작했다. 형, 누나들이 자신의 이름을 쓰고 글씨를 읽는 게 부러운 듯했다. 엄마, 아빠 등 다른 낱말도 그렸다. 쓴다기보다는 그리는 것에 가까웠다.

내친김에 자석 글자를 사주니 자음·모음을 결합해 자기 이름을 맞췄다. 할아버지, 할머니 등은 어떻게 하냐고 물으면 그제야 알려줬다. 공부라는 것에 거부감이 생길까 봐 먼저 알려 주지는 않았다.

Tip **아이 한글 공부, 적기는?**

마침 같은 유치원에 초등학교 교사인 학부모가 있어 물었다. 아이 한글 공부는 언제부터 시작하는 게 좋으냐고 말이다. 대답은 간단했다. "아이가 원할 때." 스스로 한글에 대해 궁금해하고 관심을 보이면 바로 그때가 가르치기에 좋은 시기라는 것이다. 5세보단 6세가, 6세보단 7세가 같은 것을 배워도 더 빨리 이해해 학습시간이 단축되니 굳이 일찍부터 가르칠 필요는 없다고 했다.

내친김에 엄마들 사이에서 불문율로 통하는 '초등학교 입학 전 한글 마스터하기'가 진짜 필요한지 물었다. 의외로 "그렇다"는 대답이 돌아왔다. 이유는 흔히 알려진 것과 달랐다. 아이의 학습 태도 등을 연습하기 위해서란다. 뛰놀기만 하던 아이가 갑자기 초등학교에 입학해 책상에 앉아 연필을 잡고 공부하는 게 생각보다 매우 힘든 일이라고 했다. 때문에 초등학교 입학 전 한글 공부는 한글을 마스터하기 위해서라기보다는 책상에 앉아 공부하는 연습을 하는 것이기 때문에 중요하다고 했다.

✛ 우리집 텔레비전 시청 규정

아이를 키우는 집은 두 부류로 나뉜다. 거실에 텔레비전이 있는 집과 없는 집으로 말이다. 거실에 텔레비전이 있는 집은 다시 두 부류로 나뉜다. 유튜브를 볼 수 있는 집과 그렇지 않은 집. 그만큼 아이에게 영상을 언제 어떻게 노출할지는 모든 부모의 관심사다. 최대한 노출을 꺼리는 부모가 있는가 하면, 하루 한 시간 정도는 영상을 보여주는 경우도 있다.

아들 둘이 있는 우리집은 '뽀로로' '로보카폴리' '헬로 카봇' 등 아이들용 만화영화는 틀어주되 텔레비전에서 가장 먼 곳에 앉아 보게 하는 편이다. 어릴 적 텔레비전을 가까이 봐서 시력이 나빠진 내 전철을 밟지 않게 하기 위해서다. 유아기(2~6세)에 스마트폰, 텔레비전, 태블릿 등을 자주 보면 뇌 기능 발달이 늦어진다는 미국 연구 결과도 있지만 나는 그보다 시력 보호가 더 중요했다. 남편과는 텔레비전을 가급적 멀리서 보게 하되, 가급적 양질의 프로그램을 보게 하는 정도로 약속했다. 휴대폰으로 동영상을 틀어주는 것은 외출 시 필요한 경우로 제한했다.

하지만 화창한 주말에도, 평일 저녁에도 바깥놀이를 하기는커녕 텔레비전을 더 보겠다고 울고불고하는 아이들과 싸우다가 이대로는 안 되겠다 싶었다. 남편과 텔레비전 시청 규정을 만들기로 했다. 육아 전문가들이 '남자아이들의 경우 규칙을 먼저 정해 알려 주고 이를 어길 경우 어떤 결과가 뒤따르는지를 설명해 주는 게 좋은 방법'이라고 입을 모으는 만큼, 규정을 먼저 만들고 이를 어길 시 텔레비전을 없애기로 했다.

우리집 텔레비전 시청 규정은 다음과 같다. 평일에는 한 사람당 20분씩 텔레비전을 볼 수 있고, 주말이나 공휴일에는 둘이 합쳐 총 3시간을 볼 수 있다. 주말에는 극장판 만화영화를 볼 수 있는데, 한 편당 상영시간이 대개 90분인 점을 감안했다. 아침에 등원 준비하면서 텔레비전을 볼 경우에는 영어로 된 프로그램만 보기로 했다. 주말을 앞둔 금요일은 비교적 자유롭게 시청하되 총 시청 시간이 40분이 넘으면 영어로 바꿔 틀기로 했다. 이 규정을 한 사람당 3번 어길 경우 텔레비전을 집에서 없애기로 했다.

효과는 기대 이상이었다. 평일 저녁 아이들이 텔레비전을 보는 시간이 현저히 줄어들었다. 퇴근 후 피곤하다는 이유로 아이들에게 텔레비전을 틀어주고 거실에 널브러져 쉬곤 했던 남편과 나도 달라 졌다. 팽이치기, 윷놀이, 종이접기 등 아이들이 원하는 놀이에 참여 해 시간을 보내고 잠들기 직전 책도 몇 권 읽게 됐다. 주말에는 아이 들과 함께 볼 만한 영화를 골라 온 가족이 소파에 둘러앉아 함께 보 게 됐다. A4용지 한 장의 기적이라 부를 수 있을 정도로 텔레비전 시 청 규정의 효과는 놀라웠다.

Tip 우리 아이 미디어 노출, 얼마나 어떻게?

아이들에게 텔레비전을 보여주는 게 좋을까, 아니면 안 보여주는 게 좋을까, 이것은 대부분의 가정에서 풀지 못한 문제일 것이다. 미국 소아과학 회는 24개월 이전 아이에게는 미디어를 허용하지 않는 것이 바람직하고, 만 2세 이후에는 미디어 허용 시간을 2시간 이내로 제한하고 유아의 방에 텔레비전을 두지 않으며 부모가 미디어를 함께 볼 것을 권고하고 있다. 부 모를 대상으로 전화 설문을 실시한 한 연구에서는 8~16개월 영유아들의 미디어 시청 시간이 하루에 한 시간씩 증가할 때마다 어휘 점수가 17점씩 낮아지는 것과 연관이 있다고 했다.

반면 일부 연구자들은 스크린 미디어의 내용과 방법에 따라 아이의 발 달에 긍정적 영향을 줄 수도 있다는 연구 결과를 제시하고 있다. 결국 아이 가 텔레비전을 보는 행위 자체가 문제라기보다는 시청 시간과 보는 프로그 램이 어떤 것이냐에 따라 긍정적일 수도, 부정적일 수도 있는 것이다.

거실에 텔레비전을 없애고도 온종일 몸으로 놀아줄 수 있는 체력과 여력이 있는 집이라면 영상 노출을 최대한 미뤄도 좋지만, 그렇지 못한 경우라도 부모가 죄책감을 가질 필요는 없다. 다만 각자 사정에 맞는 텔레비전 시청 규정을 만들어보는 것은 좋은 방법이다. 아이뿐 아니라 부모 역시 규칙을 지키려는 과정 속에서 욕구를 조절하고 약속을 지키는 방법을 배울 수 있기 때문이다. 텔레비전 시청 시간이 줄어드는 것은 덤이다.

✛ 게임, 꼭 해야 한다면

"휴대폰과 태블릿PC에 익숙해진 아이들은 학교 수업 때 주의가 산만한 경우가 많아요. 선생님이 뭔가를 설명하면 듣기보다는 영상으로 보거나 결과부터 알고 싶어 하죠."

아파트 놀이터나 단지를 지나다 보면 초등학생 아이들이 삼삼오오 모여 휴대폰으로 게임하는 모습을 쉽게 볼 수 있다. 언젠가 내 아이들도 하게 될 것이라고 생각하면서도 가급적 늦게 하기를 바라는 게 부모 마음일 테다. 아이들이 게임 마인크래프트 관련 영상을 보기 시작하면서 아이들이 게임 영상을 봐도 될지, 휴대폰 게임은 언제부터 하면 좋은지 초등학교 교사인 지인에게 물었다.

당연한 말이지만 가급적 늦게 하는 게 좋고, 적어도 초등학교 저학년 때는 휴대폰 게임을 하지 않는 게 좋다고 했다. 한창 뇌가 발달 중인데 즉각적이고 자극적인 게임이 발달에 좋을 리 없다는 이유에서다. 수업을 하다 보면 휴대폰이나 태블릿PC에 길들여진 아이들은 수업 시간에 가만히 앉아 있지 못해 그렇지 않은 아이들과 확연히 차이가 난다고 했다. 원인과 과정, 결과를 설명하려고 하면 결과부터 알려 달라고 하거나 영상을 통해 확인하고 싶어 하는 경향이 있다고 했다.

나도 같은 경험을 한 적이 있다. 지인의 초등학생 자녀를 만나 대화를 나누다 영화 '겨울왕국' 얘기가 나왔다. 엘사와 안나 역을 맡은 성우를 인터뷰한 적이 있어 기사를 보여줬는데, 아이들은 기사를 읽지도 않고 바로 유튜브에 접속해 성우 이름을 검색했다. 영상을 틀어 성우 얼굴을 확인하고 이들 인터뷰와 노래하는 영상을 보고 나서야 원하는 것을 얻은 모습이었다.

그때 '요즘 아이들은 참 다르구나' 싶었는데 다시 생각해 보면 요즘 아이들은 긴 호흡의 글에 익숙하지 않거나 글을 읽기 싫은 것이 아닌가 하는 생각이 든다. 영상으로 바로 확인할 수 있는데 굳이 시간을 들여 읽고 상상할 필요가 없다고 생각하는 것이다.

아이들이 하는 게임만 봐도 그렇다. 부수면 부서지고 쌓으면 쌓아진다. 공격하면 점수가 올라가고 맞으면 점수를 잃는다. 즉각적이고 자극적이어서 바로바로 결과를 확인하고 다음 단계로 넘어가야 하는데, 긴 호흡의 글을 읽고 원인을 생각해 보거나 결과를 상상하는 것은 아이들 입장에선 지루할 수 있다. 게임 중계 영상에 나오는 단어들은 "공격" "죽여" "아싸" "막아" 등 단순하고 쉬운 반면, 글은 읽으면 읽을수록 단어가 어려워지고 복잡해 점점 더 거리를 두게 되는지도 모른다.

하지만 글을 읽고 이해하는 능력은 꼭 필요하다. 실제로 2021년 3월 EBS에서 6부작으로 방영된 '당신의 문해력'에서는 고등학교 2학년 수업에서 학생들이 '가제(假題)'를 '랍스터'로 착각하고, '난(亂)'과 같은 기본적인 어휘의 뜻을 모르는 장면이 방송돼 화제가 됐다. 방송은 스마트폰으로 글자보다 영상을 보는 데 익숙해진 사회에 경종을 울리며 문해력의 중요성을 설파했다.

살면서 스스로 생각하고 문제를 해결하는 것은 중요한 능력이다. 진로와도 관련이 있다. 최나야 서울대 아동가족학과 교수는 저서 '초등 문해력을 키우는 엄마의 비밀'에서 "개인의 문해력(글을 읽고 이해하는 능력) 수준은 진로뿐 아니라 사회경제적 지위까지 좌우한다고 봐도 과언이 아닐 만큼 중요하다"고 말했다.

저학년 때부터 주어지는 스마트폰으로 친구들 대부분이 게임을 하니 내 아이만 안 할 수는 없을 것이다. 그럼에도 초등학교 교사인 지인은 휴대폰 게임을 해야 한다면 가급적 자아가 형성되고 스스로

절제할 수 있는 중·고등학생 때가 낫다고 했다. 육아 전문가들은 게임을 꼭 해야 한다면 욕설이나 비방이 오가지 않도록, 대화하지 않는 게임을 컴퓨터로 정해진 시간만큼 할 수 있게끔 규칙을 정해서 하는 것이 좋다고 조언한다. 스마트폰 게임은 이동 중이나 쉬는 시간 등 언제 어디서든 할 수 있지만 컴퓨터 게임은 컴퓨터가 있는 곳에서만 할 수 있기 때문이다. 게임 컴퓨터는 가급적 아이 방보다 거실에 놓는 게 좋다는 조언도 있었다.

❖ 워킹맘의 죄책감과 사교육

첫째는 5살이 되자 유치원에 입학했다. 입학식 날 초등학교 강당에서 꽃다발을 들고 찍은 사진을 보니 가슴이 먹먹했다. 경쟁 사회에 첫걸음을 내딛는 것만 같아서였다. 아이가 다니는 기관의 관할 부처가 보건복지부에서 교육부로 바뀐 것이 이를 여실히 말해주고 있었다.

어린이집과 달리 유치원에 보낼 때는 고민이 많았다. 국공립 유치원, 사립 유치원, 영어 유치원, 숲 유치원, 놀이학교, 유아체능단 등 선택지가 많았기 때문이다. 비용도 천차만별이었고 가르치는 것도 조금씩 달랐다. 효과야 어떻든 비싼 유치원을 보내고 싶은 마음이야 굴뚝같았지만, 제한된 월급에 한 명도 아니고 두 명이나 영어유치원에 보낼 수는 없는 노릇이었다. '두 아이 모두 동등하게 대하자'는 생각으로 첫째의 영어 유치원행을 과감히 포기했다.

남은 선택지는 국공립 유치원과 사립 유치원 두 개였다. 하지만 인근 사립 유치원은 비리에 휘말려 보내고 싶지 않았다. 떨어지면 어린이집에 1년 더 보내자는 생각으로 국공립 유치원 한곳만 지원했고 다행히 '대기 1번'을 받고 2019년 3월 입학했다.

아이가 유치원에 입학하고서도 고민은 계속됐다. 태권도, 피아노, 미술 등 다양한 사교육이 기다리고 있었기 때문이다. 어렸을 때는 공부에 대한 압박을 느끼지 않고 마음껏 뛰어놀게 하고 싶었지만 예체능은 별개의 문제였다.

그러던 중 유치원 선생님과의 상담에서 진짜 내 모습을 마주했다. 유치원이 끝난 후 태권도에 보내는 것이 어떤지에 대해 물어봤는데 선생님은 "5세는 보호자 없이 차로 이동하기에 너무 어린 나이"라며 "유치원 적응이 힘들다면 집에 가서 쉬는 것이 낫지 아이에게 또 다른 환경에 적응시킬 필요는 없다"고 딱 잘라 말했다.

아이를 영어유치원과 태권도에 보내려고 했던 것은 사실 아이에게 필요하기 때문이라기보다는 내 죄책감 때문이었다. 일하는 엄마라 제대로 챙겨주지 못하는 것에 대한 한풀이 같은 것이다. 다른 엄마들처럼 집에서 아이를 챙겨주지 못하니 돈으로라도 마음속 죄책감을 풀어야 했던 것이다. 아이가 유치원에 너무 오래 머무는 것이 안타까워 오후 시간에는 다른 곳에 보내면 어떨까 싶기도 했다. 엄마 없이 보내야 할 아이의 시간을 다채롭게 채워주고 싶은 마음도 있었다.

"태권도 안 보내도 될 것 같았는데 네가 하도 보낸다고 하니 놔뒀다."

친정엄마가 말했다. 엄마는 아이가 유치원을 일찍 마치고 집에 와서 심심해하는 것보다야 유치원에서 친구들과 어울리며 노는 게 훨씬 나으니 기관에 늦게까지 맡긴다는 죄책감을 갖지 말라고 했다. 그 대신 퇴근 후 더 많이 안아주고 더 잘 놀아주라고 했다.

사람들이 가끔 내게 묻는다. 사교육은 언제 시작하면 좋은지 말이다. 대부분 5세 무렵의 자녀를 둔 엄마들이다. 어린이집에서 유치원으로 기관이 바뀌기도 하고, 주변에 하나둘씩 사교육을 시작하는 아이들이 생겨나니 불안한 마음이 들 것이다. 나도 그랬다. 고작 여덟 살, 여섯 살 아이를 키우고 있어 사실 나도 무엇이 정답인지는 알지 못한다. 다만 정말 아이를 위한 선택인지, 아니면 엄마의 죄책감을 덜기 위한 선택인지 잘 생각해보라고 말해주고 싶다. 남의 말에 일희일비하지 말고 부부의 교육관에 따르는 것도 중요하다. 선택과 후회는 모두 내 몫이지만, 적어도 내 교육관에 따라 선택한 것이라면 후회가 적을 것 같다.

"애들 영어 가르치니? 어렸을 때부터 영어 가르쳐야 빨리 늘지. 우리 애는 벌써 영작도 하고⋯."

조언을 위한 것인지 자랑을 위한 것인지 모를 말을 들을 때가 있다. "어릴 때부터 영어를 강요할 생각이 없다"고 딱 잘라 말하면 될 것을 "정말 좋겠다. 나도 그렇게 하고 싶다"고 맞장구치고 말았다. 육아 선배에게 내 소신을 말하기는 쉽지 않다. 괜한 논쟁을 하고 싶지 않은 마음도 있었다.

돌아서서 후회했다. 우리 부부는 어린아이들에게 뭘 많이 가르치지 않기로 약속했다. 중·고등학교에 가면 하루 종일 배우고 암기해야 하는데 어렸을 때부터 스트레스 주고 싶지 않아서다. 영어도 그중 하나다. 매일 해가 질 때까지 놀이터에서 뛰어놀다 집에 들어와서 밥 잘 먹으면 그것으로 족한데, 괜한 맞장구에 내 속만 시끄러웠다.

"일곱 살인데 학습지 안 해요? 다른 애들은 다섯 살 때부터 한다던데⋯."

"유치원에서 파닉스 신청 안 했어요? 다들 한다던데⋯."

내게 이것저것 안 하냐고 묻는 사람은 사실 많다. 안 한다고 하면 왜 안 하냐고 묻는다. 하는 게 당연한데 안 시키는 게 특이하다는 반응이다. 그때마다 우리 부부의 소신과 약속을 설명해 주는 것도 번거로워 보통 "네, 그렇네요" 하고 만다.

아이들이 어렸을 때로 거슬러 올라가면 주변 사람들의 조언은 훨씬 더 많았다. 아이가 허리에 힘이 없는데 어렸을 때부터 힙시트에 앉히면 척추에 안 좋다, 분유보다 모유가 좋다, A기저귀보다 B기저귀가 더 좋다, 돌 전부터 책을 읽어줘야 한다 등이다. 처음에는 주변 사람들의 애정 어린 조언이 고마웠고 삶의 지혜가 도움이 되는 경우가 있었지만, 정도를 넘어서니 잔소리가 됐다. 완모를 할 수밖에 없는 상황이었을 수도 있고, A기저귀가 피부에 맞을 수도 있는데 말이다. 때론 이런 조언들이 폭력적으로 느껴졌다.

교육에 대한 조언은 더 그렇다. 아이들과 부대끼고 가족끼리 조율하며 나름대로 교육관을 정립해나가는 중인데, 시도 때도 없이 훅 들어오는 조언이 이제는 달갑지 않다. 마치 지금 내 방법이 잘못됐다고 말하는 것 같아서다.

그래서 나는 가급적 남의 집 육아 방식에 대해 조언을 하지 않는다. 가정 어린이집과 국공립 어린이집 중 어디가 좋은지, 사립 유치원과 국공립 유치원 중 어디가 더 좋은지 먼저 물어오는 지인이 있으면 그저 내 경험만 얘기한다. 내가 다닌 곳은 이랬고 내가 생각한 장단점은 이것이라고 말한다. 영어를 언제부터 가르치는 게 좋은지, 텔레비전을 얼마나 보여주는 게 좋은지 묻는 질문에도 마찬가지다. 내 경험을 설명하되 참고만 하라고 한다. 선택은 본인의 몫이다. 집집마다 가치관이 다르고 경제적·시간적 여건이 다른데 내가 무엇이 옳다고 단언할 수 없다.

"라떼는(나 때는) 말이야"라는 말로 훈수를 두는 게 회사 생활에서만 금기시되는 것은 아니다. 육아에서도 "라떼는 말이야"는 피해야 한다. 육아 선배라며 나는 이렇게 했는데 넌 왜 안 하냐, 그러면 뒤쳐진다 등 섣부른 조언은 하지 말자. 금지옥엽 귀한 자식을 키우면서 그 정도 고민해 보지 않은 사람은 아마도 없을 테니 말이다.

✦ 아이들의 놀 권리

2018년 여름의 일이다. 아이와 놀이터에서 놀다 보니 어느새 해가 뉘엿뉘엿 지고 밤이 됐다. 저녁 9시 무렵이 되자 놀이터에 남은 건 당시 네 살 된 내 큰아들과 일곱 살 여자아이뿐이었다. 자연스레 여자아이의 엄마와 얘기를 하게 됐다.

"일곱 살인데도 놀이터에 나와서 노는 건 저희 아이뿐이에요."

아이 엄마는 걱정 섞인 목소리로 말했다. 4~5세 때는 해가 지도록 놀이터에서 친구들과 놀았는데 일곱 살이 되니 친구들이 이런저런 핑계로 놀이터에 나오지 않는다는 것이었다. 아이 친구 엄마에게 요즘은 왜 놀이터에 나오지 않느냐고 물으면 "뭐 일이 있어서", 혹은

"어디 가야 해서"라며 얼버무렸는데 최근에야 진짜 이유를 알게 됐다고 했다. 아이들은 놀이터에 나오는 대신 집에서 학습지를 하거나 과외를 하거나 학원을 다니고 있었다는 것이다.

"조바심이 나더라고요. 그래서 저도 학습지를 시켰죠. 그런데 아이가 너무 스트레스를 받는 것 같아서 때려치웠어요."

그러곤 다시 놀이터에 나오기 시작했지만, 그럼에도 어딘지 모르게 마음이 불안하다고 했다. 어떤 것이 아이를 위한 길인지 모르겠다면서.

큰아이가 다섯 살이 되고 유치원에 가기 시작하면서 나 역시 아이 친구들이 하나둘 학습지를 시작했다는 얘기를 들었다. 다섯 살부터 한글을 가르쳐야 한다며 학습지를 권하는 지인도 있었다. 아무것도 안 가르치기로 소문난(?) 병설 유치원에 다니던 내 아이를 두고 근심 어린 눈초리를 보내는 사람도 있었다.

다행히 아직까지는 흔들리지 않고 있다. 아이에게 학습지를 시키지 않는 이유는 딱 한 가지. 내 유년 시절의 기억 때문이다. 나는 눈높이 학습지 선생님이 오는 날마다 숙제를 안 한 게 들통날까 봐 답안지를 베껴 쓰곤 했다. 빨간펜 선생님이 빨간색 연필로 채점을 해 점수를 매기는 건 또 얼마나 두려웠던지. 학습지는 내게 대단한 지식을 알려 주는 무언가가 아니라, 매주 해야 하는데 하기 싫은 짐일 뿐이었다. 한창 뛰어놀아야 할 아이에게 그런 스트레스를 주기는 싫었다.

아이는 놀면서 배운다는 글을 많이 본 탓도 있다. 놀이는 뇌 발달뿐 아니라 정서와 인지 발달, 나아가 사회성 발달에까지 영향을 미치는 것으로 알려져 있다. 아이들은 놀이를 통해 사회성을 발달시키고 정서적인 안정을 얻게 되며 집중력과 창의력을 키우게 된다는 것이다.

실제 아이들은 놀잇감이 없는 공간에서조차 놀 거리를 찾거나 스스로 만들어낸다. 놀이터 주변의 돌을 모아 돌탑을 쌓기도 하고, 돌로 나뭇잎을 으깨 밥상을 차리기도 하고, 매실과 솔방울을 찾는 보물찾기 놀이를 하기도 한다. 자연은 그 자체만으로도 아이들의 놀이터이며, 놀 거리를 찾는 과정에서 아이들의 창의력은 샘솟는다.

아이들은 어른들이 가르쳐주지 않아도 새로운 놀이 방법과 규칙을 스스로 정해 함께 즐긴다. 놀이를 통해 서로 교감하고 배움을 터득하며 창의성을 발휘하는 모습을 보며 '아이들은 놀이를 통해 성장한다'는 말을 몸소 느낀다. 아이들에게 놀이는 단순히 노는 것이 아니라 배우고 경험하며 세상을 체득하는 교육의 장인 셈이다.

그동안 한국에서는 높은 교육열 때문에 어린이의 놀 권리에 대한 관심이 상대적으로 낮았다. 1959년 유엔은 '아동권리선언'을 통해 '사회와 공공기관은 아동들의 놀 권리가 한층 더 잘 보장될 수 있도록 최선의 노력을 기울여야 한다'고 천명했고, 정부도 2015년 어린이 놀이헌장을 제정했지만 현실적으로 이를 실현시키기는 쉽지 않았다.

부모와 사회가 동참하지 않으면 아이들의 놀 권리는 보장되지 않는다. 초등학교에 진학하면 더 지키기 어렵다. 아이들의 행복한 삶을 위해 어른들이 아이들의 놀 시간을 찾아주면 어떨까.

Chapter 5

알아야 혜택받는
정부 지원 정책

1
임신·출산 관련 혜택·정책

❖ 동네 보건소, 엽산·철분제 무료 지급에 각종 검사도 공짜

임신을 계획 중인 부부는 대개 '예비부부 건강검진'을 받는다. 임신 전 실시하는 건강검진으로 혈액·소변 검사를 통해 건강 상태를 확인하고 풍진과 B형 간염 항체 등이 있는지 확인한다. 항체가 없으면 기형아를 낳을 가능성이 있어 통상 임신 전에 예방접종을 한다. 병원에 따라 검사하는 항목과 가격이 천차만별인데 적게는 몇만 원에서 많게는 수십만 원이 든다.

그런데 이 예비부부 건강검진이 보건소에서는 공짜다. 살고 있는 동네 보건소에 가면 해당 검진을 받을 수 있다. 자치구에 따라 직장이 위치한 보건소에서 검사를 해주는 경우도 있다. 주민등록등본, 신분증, 재직증명서 등을 미리 준비해야 하니 사전에 보건소 홈페이지를 확인하고 가는 게 좋다. 예비부부는 청첩장이나 예식장 계약서

를 가져가야 한다. 온라인 신청 후 예약이 확정되는 곳이 있는가 하면 코로나19 대응으로 건강검진을 잠정 중단한 곳도 있으니 보건소를 통해 확인한 뒤 방문하는 것이 좋다. 검진 전날 밤 10시부터 금식해야 한다.

임신을 준비하는 여성이라면 꼭 먹어야 하는 엽산제도 무료로 제공한다. 임신 전 검진을 받지 못한 임신부는 임신 초기에 보건소에 방문하면 '임신 초기 검사(풍진 항체 및 혈액·소변검사)'를 받을 수 있다.

뿐만 아니라 임신 16주부터 5개월간 복용해야 하는 철분제도 무료로 지급된다. 임신 16~18주에 실시하는 기형아 검사인 쿼드검사도 공짜다. 몰랐다면 병원에 상당한 비용을 지불하고 받았을 검사다. 해당 주가 되면 병원에서 별도 설명 없이 쿼드검사를 하자고 하는데, 이때 보건소에서 검사를 받고 오겠다고 말하거나 미리 검사를 받은 후 결과지를 제출하면 된다. 지역에 따라 보건소에서 직접 검사하기도 하고, 보건소에서 쿠폰을 발급해 병원에서 검사를 받도록 하기도 한다. 한 인터넷 카페에는 이 같은 정보를 알지 못해 병원에서 쿼드검사와 초음파 검사를 하고 17만 원을 냈다며 억울함을 호소하는 산모의 글이 올라오기도 했다.

24~28주에 실시하는 임신성 당뇨 검사와 빈혈 검사도 공짜다. 역시 해당 주가 되면 병원에서 별도로 설명하지 않고 임신성 당뇨검사를 하자고 하는데, 보건소에서 검사를 받고 오겠다고 말하거나 미리

검사를 받고 결과지를 제출하면 된다. 검사 전 금식할 필요는 없다. 직장에 다니느라 시간이 넉넉하지 않을 경우에는 전날 보건소에 들러 당뇨시약을 받은 후 이튿날 출근길에 검사를 받는 방법도 있다. 당뇨시약을 마시고 1시간 후 채혈하면 된다.

지역에 따라 소정의 비용을 지불해야 하거나 검사 방법에 차이가 있을 수 있으니 보건소 홈페이지를 직접 확인하는 것이 중요하다. 그 밖에 난임부부 의료비 지원, 고위험 임산부 의료비 지원, 청소년 산모 임신출산 의료비 지원 등 다양한 혜택이 있으니 평소 보건소 홈페이지를 잘 확인하면 알짜 정보를 얻을 수 있다.

한편 과거에는 엽산이나 철분을 받으려면 반드시 보건소를 방문해야 했지만 2021년부터는 택배로 받아볼 수 있게 됐다. 행정안전부가 '맘편한 임신' 원스톱 서비스를 실시하면서 택배 신청이 가능하게 바뀌었다. 맘편한 임신 서비스는 임신과 출산 지원 서비스를 정부24나 보건소·주민센터에서 한 번에 안내받고 신청하는 통합서비스다. 그동안 임신·출산 진료비 지원과 엽산제·철분제 제공, KTX 요금 할인 등을 기관마다 따로 신청해야 했지만, 2021년 4월19일부터 통합 신청이 가능해졌다.

"첫째 아이를 크게 낳으셨네요. 임신성 당뇨 검사 결과가 중요하 겠어요."

둘째 임신 23주 차 정기검진에서 산부인과 의사는 내게 말했다. 첫째는 3.91kg의 우람한 체구로 세상에 나왔다. 당시 임신성 당뇨 검 사 결과 정상이었다. 하지만 4kg 이상의 거대아를 출산한 경험이 있 는 사람이나 이전에 임신성 당뇨병이 있었던 사람 등은 임신성 당뇨 병에 걸릴 확률이 높아 관련 검사가 매우 중요하다고 했다.

의사는 바로 임신성 당뇨 검사를 하자고 했지만 나는 거절했다. 보건소에서 같은 검사를 무료로 해준다는 사실을 알고 있었기 때문 이다. 굳이 돈 들여 병원에서 할 이유는 없었다.

보건소에 따로 들러야 한다는 점은 번거로웠다. 워킹맘이다 보니 동네 보건소에 들리는 것도 쉽지 않다. 이 경우 직장 근처 보건소를 이용하는 게 효율적이다. 재직증명서와 임신 확인증 또는 산모수첩 을 가져가면 거주하는 동네의 보건소에서 받을 수 있는 각종 임신부 혜택을 똑같이 받을 수 있다. 보건소마다 증빙서류가 다르니 보건소 홈페이지를 확인해야 한다.

임신성 당뇨병은 보통 임신 24~28주 사이에 선별검사를 하고, 의 심이 되면 경구 당부하 검사를 통해 확진을 받는다. 임신성 당뇨병으로 진단되면 임상 영양요법을 통해 식이요법을 시행하고 필요하면 인슐린 치료로 혈당을 조절해야 한다. 하지만 대부분의 경우에는 식단만 잘 관리하면 건강한 아이를 출산할 수 있다고 한다.

검사 자체는 간단하다. 보건소에서 주는 액체 시약을 먹고 1시간 후에 피를 뽑으면 된다. 검사 결과는 2~3일 후에 나온다. 결과는 이메일로 받아보거나 직접 보건소에 들러 확인할 수 있다.

워킹맘인 나는 보건소에서 시약을 먹은 후 1시간 동안 기다릴 여유가 없었다. 때문에 검사 전날 보건소에 미리 들러 시약을 받아 왔다. 다음 날 출근 전에 액체 시약을 먹고 출근길에 보건소에 들러 피를 뽑았다. 보건소에 간 김에 산모 등록도 하고 철분제도 무료로 받았다. 30분밖에 걸리지 않았다.

2~3일 후 이메일을 확인해 보니 검사 결과는 정상이었다. 건강한 아기를 출산하기 위한 고비를 이렇게 또 한 번 넘겼다.

✛ '반값' 공공 산후조리원

"아이 낳으려면 1000만 원 든대."

임신과 동시에 아이가 있는 친구들이 우스갯소리로 겁을 줬다. 설마 했는데 정말 그랬다. 정부가 임신·출산 진료비를 전자 바우처

형태로 100만 원 지원하지만 병원비를 충당하기에는 턱없이 부족했다. 초음파 검사 한 번에 10만 원이 드는 데다, 양수 검사 등 추가 검사를 하면 100만 원이 넘는다.

임신·출산 관련 진료비는 개인 실비보험 처리가 안 돼 고스란히 자비로 부담해야 했다. 아이 낳기도 전에 적게는 수십만 원, 많게는 수백만 원의 진료비를 지출했는데 이제 시작이란다. 체형 변화에 따라 임부복을 사고 남들 다 든다는 태아보험에 가입했는데 이는 '소소한 지출'에 불과했다.

출산으로 또 한 번 수십만 원의 병원비를 지출하고 400만 원 상당의 산후조리원에서 2주 동안 조리를 하고 집에 왔는데 아직 끝나지 않았다. 유모차, 카시트, 유축기, 식탁의자 등 굵직한 것들을 사고 매달 분유·기저귀 값을 감당하다 보면 '아이 낳는 데 1000만 원 든다'는 말이 허튼소리가 아님을 실감하게 된다. 그렇게 첫째를 낳고 보니 '자녀 수가 부의 상징'이라는 우스갯소리를 이해할 수 있게 됐다.

둘째를 임신하고는 허리띠를 더욱 졸라맸다. 출산 전후 가장 많은 금액을 지출하는 산후조리원 비용을 줄이는 게 급선무였다. 산후조리 비용을 지원해 주는 정부 정책이나 제도는 없는지 여기저기 알아봤다. 관련 기사를 읽다가 '공공 산후조리원'을 알게 됐다. 공공 산후조리원은 지방자치단체가 설치해 운영하는 조리원을 말한다.

2022년 1월 보건복지부가 발표한 '2021 산후조리실태조사 결과'

에 따르면 출산 후 산모가 산후조리원에 지불한 평균 비용은 243만 원이다. 그중 서울의 경우 일반실 14일 이용 기준 산후조리원 평균 비용이 386만 원으로 조사됐다. 서울 서초구의 경우 평균 이용 요금이 485만 원이다. 반면 서울 송파구 공공 산후조리원 이용 요금은 송파 주민의 경우 190만 원, 타지역 주민은 209만 원이니 '반값 조리원'이나 다름없다.

공공 산후조리원은 서울 1곳, 경기 1곳, 강원 1곳, 울산 1곳, 전남 4곳, 제주 1곳 등 전국에 13곳에 불과하다. 지자체가 공공 산후조리원을 설치할 수 있는 법적 근거가 마련됐지만 정부가 설치 기준을 지나치게 엄격하게 마련해 이를 충족하는 지역이 많지 않기 때문이다. 여기에 예산과 인력 부족이라는 지자체 내부 사정과 민간 조리원의 반발이라는 외부 사정으로 확장에 어려움을 겪고 있다.

나는 둘째를 낳고 서울 유일의 공공 산후조리원인 '송파산모건강증진센터'를 이용했다. 지역 주민 예약이 미달하거나 취소될 경우에만 타지역 주민에게 기회가 돌아오기에, 이용은 쉽지 않았다. 몇 달 전에 전화 예약을 하고 수시로 예약 취소가 없는지 확인하던 중 다행히 자리가 났다. 감염 예방 차원에서 배우자를 제외한 가족들은 면회가 안 되고 전신마사지 등을 받을 수 없어 더러 예약을 취소하는 산모들이 있다고 했다.

27명의 산모를 수용하는 이곳은 2014년에 개원해 시설이 비교적 깔끔했다. 시설이나 운영 방식 등은 여느 조리원과 다르지 않았는데 위생 관리만큼은 철저했다. 입소하는 날 입고 있던 옷과 가방 등에 살균제를 뿌리고, 물티슈가 든 택배 상자도 감염 위험이 있다며 수거해갔다. 아기를 만지기 전 손소독제로 손을 깨끗이 하는 것은 물론이고 남은 모유와 분유는 다시 쓰지 않았다. 퇴소하던 날 방 안에 남은 기저귀는 폐기 처분하니 가지고 가려면 챙기라는 말도 센터의 위생 관념을 상징적으로 보여주는 것 같아 기억에 남았다. 전문 간호 인력이 신생아를 돌보고, 소아과 전문의가 주 2회 회진한다는 것도 안심이 됐다.

가장 좋았던 곳은 실외정원이다. 임신하며 불어난 살과 출산 후에도 빠지지 않는 붓기, 모유 수유에 대한 부담감 등으로 자칫 산후우울증에 빠질 수 있었지만 잠시나마 바깥공기를 마시며 기분 전환할 수 있었기 때문이다. 책이나 신문을 들고 나가 읽거나 때론 아무것도 하지 않고 일광욕을 즐겼다. 바람을, 비를, 계절의 변화를 느꼈다.

물론 아쉬운 점도 있다. 침대가 좁아 남편이 바닥에서 자야 했던 부분이 특히 그랬다. 그럼에도 신랑은 "합리적인 가격 덕분에 가계에 큰 보탬이 됐다"며 만족해했다. 임신한 친구들에게 공공 조리원을 이용해 보라고 추천할 정도로 나 역시 만족스러웠다.

조리를 마치고 집으로 돌아오는 길에 동네 보건소에서 반가운 문자를 한 통 받았다. 서울 서초구의 경우 2017년 7월 1일 이후 출산하는 가정에 산모돌보미를 지원해준다는 내용이었다. 90만~130만 원 상당의 산모돌보미 서비스를 이용하면 해당 비용의 90%를 지자체에서 지원해 준다는 내용이다. 당초 소득기준이 충족되는 가정에만 지원됐는데 모든 출산 가정으로 확대·적용됐다고 했다. 지자체별로 서로 다른 복지 서비스를 제공하고 있으니 거주하는 지역에 어떤 혜택이 있는지 손품을 팔아보는 것이 좋다.

지자체가 아니더라도 정부 차원에서 산후도우미 비용을 지원해주니 자격 기준을 확인해 보면 좋다. 보건복지부는 중위소득 150% 이하 가구의 산모가 '출산 예정 40일 전부터 출산 후 30일까지' 주소지 관할 보건소나 온라인을 통해 신청하면 바우처(이용권)를 제공하는 산모·신생아 건강관리 서비스를 운영 중이다. 산모는 바우처 이용이 가능한 업체 중 한곳을 택해 산후도우미를 제공받을 수 있다. 예컨대 소득 150% 이하의 출산 가정이 10일간 서비스를 이용할 경우 총 이용금액 124만8000원 중 41만5000만 원만 부담하면 된다. 83만3000원은 정부가 지원한다.

육아 관련 혜택·정책

❖ 유아용 장난감 빌려주는 '장난감 도서관'

"육아는 장비빨"이라는 말이 있다. 육아용품이 많을수록 아이 키우기가 편하다는 얘기다. 젖병소독기가 있으면 새벽에 눈 비비며 젖병을 삶지 않아도 되고, 바운서가 있으면 보다 쉽게 아기를 재울 수 있다. 보행기와 국민 장난감으로 불리는 각종 육아용품을 가지고 있다면 '육아 신세계'를 맛볼 수도 있다. 아이는 새로운 것을 좋아하기 때문에 장난감이 많을수록 엄마는 편하다.

그렇다고 장난감을 계속 살 수는 없는 노릇이다. 늘어나는 장난감을 보관할 곳도 마땅치 않은 데다 경제적 부담도 만만치 않기 때문이다. 주변에 장난감을 물려받을 곳이 있으면 좋겠지만, 그렇지 않으면 난감하다. 사설 업체에서 빌려 쓸 수도 있지만 새것보다 가격이 아주 조금 저렴한 수준이라 가성비가 떨어진다. 장난감을 싸게 빌려 쓸 수는 없을까, 무작정 검색하다 '장난감 도서관'을 알게 됐다.

장난감 도서관은 각 지방자치단체가 1만 원 상당의 연회비만 받고 장난감을 무료로 대여해 주는 곳을 말한다. 지자체마다 이름이나 운영 방식이 조금씩 다르긴 하지만 소정의 연회비를 받고 장난감을 2~3주간 무료로 대여해 준다는 점에서는 비슷하다. 일부 지역은 연령별 특성에 맞는 장난감을 실은 차량이 각 동을 찾아가거나 택배로 장난감을 빌리고 반납할 수 있는 차별화된 서비스를 제공하기도 한다.

내가 사는 곳은 만 5세 이하의 자녀를 둔 지역 주민이나 자치구 소재 직장인은 누구든지 장난감 도서관을 이용할 수 있다. 일주일 중 하루는 저녁 7시까지 연장 운영하고, 한 달에 두 번은 토요일에도 문을 연다. 장난감 이용 교육을 이수한 후 주민등록등본, 재직증명서 등 서류를 제출하고 연회비 1만 원을 납부하면 14일간 두 개의 장난감을 빌릴 수 있다.

신생아 카시트부터 흑백 모빌, 바운서 등 없는 게 없다. 출산 전에 알았더라면 신생아 카시트와 흑백 모빌 등은 사지 않았을 텐데, 아쉬운 마음이 들었을 정도로 상태가 좋고 소독도 잘 돼 있었다. 피셔프라이스 아기체육관, 러닝홈, 에듀볼, 소서 등 국민 장난감으로 불리는 것들은 서너 개씩 구비돼 있다. 언어, 음률, 신체 등 분야별로 다양한 장난감이 갖춰져 있고 연령별 장난감도 추천해 준다. 1년 동안 이용 실적이 우수한 경우 대여 기간을 2주에서 3주로 연장해 주거나 대여 장난감 개수를 늘려준다.

자치구 육아종합지원센터 홈페이지를 방문하면 장난감 도서관 유무와 운영 시간, 위치, 이용 방법 등을 확인할 수 있다. 해당 홈페이지를 잘 둘러보면 장난감 도서관 외에도 다양한 영유아 프로그램에 대한 정보도 확인할 수 있다. 베이비 마사지, 유리드믹스, 트니트니 등 백화점 문화센터 못지않게 '빵빵한' 영유아 프로그램이 비교적 저렴하게 준비돼 있으니 독박 육아로 지친 엄마들은 아이와 함께 이용해 보는 것도 좋다.

✥ 다둥이카드 혜택, 두 아이 엄마는 절대 놓치면 안 됩니다

"다둥이카드가 있으면 할인받을 수 있어요."

공영주차장에서 주차요금을 내기에 앞서 혹시 할인받을 수 있는 방법은 없는지 계산원에게 물으니 이 같은 대답이 돌아왔다. 다둥이카드가 있으면 서울시내 모든 공영주차장에서 최대 50% 할인받을 수 있다고도 했다. 이후 나는 공영주차장에 주차하고 계산할 때마다 다둥이카드부터 내민다. 할인이 제법 쏠쏠하다.

에버랜드에 갔을 때도 다둥이카드의 위엄을 다시 한 번 느꼈다. 다둥이카드 소지자에게 자유이용권을 반값으로 할인해주기 때문이

다. 신분확인용 카드는 할인을 받을 수 없지만, 다둥이카드를 신용카드나 체크카드로 발급받은 부모라면 에버랜드뿐 아니라 롯데월드 등 전국 주요 놀이공원의 자유이용권을 반값에 살 수 있다.

다둥이카드의 정식 명칭은 다둥이 행복카드로, 서울시에 거주하는 두 자녀 이상 가정 중 막내가 13세 이하인 가정은 누구나 발급받을 수 있다. 서울시가 다자녀 가정에 경제적 혜택을 제공해 출산·양육 친화적인 환경을 만들기 위해 시작했다.

다둥이카드는 크게 신분확인용 카드와 신용·체크카드로 나뉘는데 신용·체크카드 혜택이 더 풍성하다. 신분확인용 카드는 거주지 동 주민센터에서 신청하면 되고 신청일로부터 7영업일 이내에 받을 수 있다. 신용·체크카드는 우리은행 전국 영업점에서 신청 가능하며 역시 신청일로부터 7영업일 이내에 수령할 수 있다. 주민등록등본과 가족관계증명서, 본인 신분증을 가져가면 되고, 신용카드를 발급받을 경우 재직증명서와 급여명세서 등 직업과 소득을 확인할 수 있는 서류가 추가로 필요하다.

신용카드로 발급받으면 아웃백, TGIF 등 패밀리레스토랑 20% 현장 할인, 스타벅스 20% 청구 할인, 유아 유명 의류 10% 할인 등 가장 많은 혜택을 누릴 수 있다. GS칼텍스 ℓ당 50원 할인의 주유 혜택도 쏠쏠하다. 세 자녀인 경우 ℓ당 60원, 네 자녀인 경우 70원을 할인해준다.

전국 CGV에서 현장 티켓을 구입할 경우 본인 2000원 할인 혜택을 누릴 수 있다. 전국 주요 콘도는 최고 72%까지 할인받을 수 있으니 주말 여행도 문제없다. 그 밖에 병·의원, 학원, 미용실 등에서 카드를 사용할 경우 5~10% 할인해주니 유용하다.

체크카드는 패밀리레스토랑이나 스타벅스, 주유 할인은 받을 수 없지만 영화와 놀이공원 할인은 가능하다. 전국 CGV에서 현장 티켓을 구입할 경우 본인에 한해 2000원을 할인해준다. 놀이공원 할인 서비스는 신용카드와 혜택이 거의 비슷한데 롯데월드, 에버랜드, 서울랜드 등 주요 놀이공원 자유이용권은 반값에 살 수 있다.

서울시 공영주차장은 신분확인용 다둥이카드도 할인받을 수 있다. 두 자녀인 경우 주차요금의 30%, 세 자녀 이상은 50%를 감면해준다. 둘째 아이를 임신 중인 가정은 출산 후에라야 다둥이카드 발급이 가능하다.

서울시 거주자가 아니더라도 출산장려 정책의 일환으로 지자체별 다자녀 우대카드를 발급하니 확인해보는 게 좋다. 부산시의 가족사랑카드, 대구시의 아이조아카드, 경기도의 아이플러스카드가 대표적이다. 발급 대상과 혜택이 지역별로 상이하니 해당 홈페이지를 확인해야 한다.

"보건소에서 유축기를 빌려준대요."

첫째 출산 전 30만 원 상당의 유축기를 구입했던 내가 둘째 출산 후 산후조리원에서 들은 이야기는 적잖이 충격적이었다. 나는 서울의 공공 산후조리원인 송파산모건강증진센터에서 몸조리를 했다. 조리원에서 만난 한 엄마는 송파구민의 경우 유축기를 미리 신청하면 무료로 대여해 사용할 수 있다고 했다. 알고 보니 많은 지방자치단체가 산모에게 무료로 유축기를 빌려주고 있었다.

출산 직후 모유 수유가 잘될지 안 될지 모르는 상황에서 유축기를 무료로 빌려 쓰며 모유량을 가늠해 볼 수 있었다면 30만 원을 절약할 수 있었을 텐데 아쉬움이 남았다. 완모(완전 모유 수유)를 꿈꾸며 야심 차게 유축기를 샀던 나는 첫째가 100일 되는 날 모유 수유를 중단해 유축기를 거의 쓰지 않았다. 보건소에서는 유축기를 통상 4~6주 무료로 빌려주는데 신청 자격과 방법은 지역마다 다르니 홈페이지를 통해 확인하는 게 좋다. 아이에게 직접 젖을 줄 수 없는 워킹맘이라면 유용하게 쓸 수 있다.

초보 엄마가 누릴 수 있는 보건소의 알짜 혜택은 유축기 무료 대여 외에도 더 있다. 모유수유클리닉도 그중 하나다. 모유를 먹고 자란 아기는 면역성이 높고 정서적으로 안정돼 뇌세포 발육이 높은 것으로 알려졌지만, 수유 자세나 방법 등에서 어려움을 겪는 산모가 많다. 이를 위해 대다수 지자체는 보건소 모유수유클리닉을 운영해 임산부에게 모유 수유에 대한 올바른 지식과 기술을 전달하고 있다. 미숙아나 취약계층 등은 보건소에서 직접 가정으로 방문해 모유수유클리닉을 해 주기도 한다.

출산 후 산후조리원 대신 '산모·신생아 건강관리' 서비스를 이용해볼 수도 있다. 전문 교육을 받은 산모신생아건강관리사가 출산 가정에 파견돼 산모의 건강 회복을 돕고 신생아를 보살피는 제도다. 식사, 유방 관리, 신생아 돌보기는 물론 산모와 아기 세탁물 관리 등을 해 준다. 산모와 배우자의 건강보험료 본인부담금 합산액이 전국 가구 기준 중위소득 150% 이하이며 출산(예정)일 40일 전 또는 출산 후 30일 이내 신청한 산모는 해당 서비스를 이용할 수 있다. 소득 기준을 초과하더라도 쌍둥이 이상 출산 가정이나 둘째 아이 이상 출산 가정 등은 예외적으로 서비스를 이용할 수도 있으니 보건소 홈페이지를 잘 확인해 보는 게 좋다. 단태아, 쌍태아, 삼태아 등에 따라 10~25일 이용할 수 있으며 주소지 관할 보건소를 방문해 신청하거나 복지로 홈페이지에서 온라인으로 신청하면 된다. 임신 16주 이후 발생한 유산·사산도 지원 대상에 포함된다.

보건소의 영양플러스 사업도 눈여겨볼 만하다. 연령별 유아식 진행 방법이나 편식 등에 대해 상담할 수 있고 보충 영양식품도 맞춤형으로 받아볼 수 있다. 가정 방문, 영양 평가 등도 병행되니 임산부나 영유아가 있는 가정은 보건소 홈페이지를 확인해 보는 게 좋다. 단 가구 규모별 기준 중위소득의 80% 이하 등 자격 기준이 있으니 본인이 해당하는지를 사전에 확인해야 한다.

그 밖에 맞벌이 가정이라면 보건소의 조부모 육아교실도 참고할 만하다. 조부모가 손주를 기르는 황혼육아가 늘면서 각 지역 보건소는 조부모를 대상으로 신생아 관리 전반(목욕, 속싸개 싸는 방법 등)과 발달 특성, 이유식 만들기 등을 교육하고 있다.

❖ 워킹맘에게 유용한 긴급돌보미 서비스

친정엄마가 다리를 다치셨다. 인도를 걷다 깊게 파인 맨홀을 보지 못하고 넘어진 것이다. 발이 퉁퉁 부었고 병원에서는 인대가 파열돼 깁스해야 한다고 했다. 생활하는 데 불편한 것은 물론이고 매일 버스를 타고 병원에 물리치료를 받으러 가는 것도 일이었다. 할 수만 있다면 매일 차로 모셔다 드리고 싶지만 출근해야 하니 그럴 수도 없었다.

아이들의 보육기관 등·하원도 어려워졌다. 어머니는 매일 출근한 나를 대신해 아이들의 등·하원을 도맡아 해주셨다. 어린이집은 가까워 비교적 괜찮지만, 10여 분 거리의 유치원에 아이를 데리러 가기에는 무리였다. 당장 아이 유치원 하원을 도와줄 분을 구해야 했는데 어떻게 해야 할지 막막했다.

사설 업체를 통해 급히 구할까 생각해봤지만 비싼 비용이 부담됐다. 일면식도 없던 분에게 아이를 맡긴다는 것도 저어됐다. 발만 동동 구르던 중에 거주 지역에서 실시 중인 '서초 119 아이돌보미' 서비스를 알게 됐다. 출장이나 야간근무 등 긴급한 상황이 생겼을 때 지자체 차원에서 아이도우미를 지원하는 정책이다.

아이 등·하원, 식사, 돌봄 등 기본적인 보육을 돕는 것으로 4시간 이용 시 교통비 3000원만 부담하면 돼 매우 저렴하다. 구청에서 돌봄선생님의 성범죄·아동학대 범죄 경력 조회 등 기본적인 검증을 거친 후 관련 교육을 받는다고 하니 상대적으로 안심이 됐다.

신청한 바로 다음 날 친정엄마 연배의 돌봄선생님이 아이를 유치원에서 데리고 와 내가 퇴근하기 전까지 집에서 돌봐줬다. 급한 대로 5일 연속 신청한 까닭에 매번 서로 다른 선생님이 아이를 돌봐줘 아이도, 나도 낯설고 번거로웠지만 하루가 급한 워킹맘에게는 그도 감지덕지였다. 한 달에 6회 이하로만 이용 가능하고, 3일 연속 이용은 제한되지만 맞벌이 부부에게는 유용한 정책이다. 해당 자치구에 거주 중인 생후 3개월~만12세 이하 자녀 양육 가정으로 맞벌이, 출장, 질병 등 긴급한 사유가 있는 경우에만 이용 가능하다.

잘 찾아보면 이 같은 제도는 다른 지자체나 자치구에도 있다. 송파구는 2019년 서울 자치구 최초로 야간긴급돌봄서비스를 선보였다. 평일 저녁 6시부터 10시까지 긴급한 가정의 아동을 돌봐주고 간식을 제공한다. 노원구는 '아이휴센터'를 운영 중이다. 한부모 취업 가정, 맞벌이 가정 등의 초등학교 아동에게 자치구 돌봄센터에서 돌봄 서비스를 제공한다.

서울시는 보호자의 부득이한 사정이나 사고 등 긴급한 상황이 발생하거나 일시적인 보육이 필요할 경우 '시간제 보육' 서비스를 제공하고 있다. 6개월 이상, 36개월 미만의 영아를 대상으로 평일 오전 9시부터 오후 6시까지 이용 가능하며 보호자는 시간당 1000원을 부담하면 된다. 시간제 보육 제공 기관으로 지정된 어린이집이나 육아종합지원센터에서 서비스를 이용할 수 있다.

서울시는 또 방과 후, 방학, 휴일 등에 돌봄이 필요한 만 6~12세의 아이들을 돌봐주는 보육시설 '우리동네 키움센터'를 운영 중이다. 2022년에는 전년 대비 32개소 늘어난 282개소의 키움센터를 연다는 계획이다. 부모 소득과 상관없이 돌봄이 필요한 초등학생은 누구나 이용할 수 있는 점이 특징이다. 아울러 서울시는 영아전담 안심 아이돌보미(이하 '영아 돌보미') 260명을 첫 양성해 2022년 3월부터 중랑구, 서대문구, 마포구, 구로구, 강남구, 강동구 6개 자치구에서 시범 운영에 들어갔다. 맞벌이 가정의 부모 등이 출산휴가 또는 육아휴직

후 아이를 맡기고 마음 편히 직장에 복귀할 수 있는 환경을 조성하 겠다는 취지다. 아이가 독감 등 전염병에 걸렸을 때, 갑작스레 출장 을 가거나 야근을 해야 할 때 등 긴급한 상황이 생긴다면 당황하지 말고 지자체나 자치구의 긴급 돌보미 서비스를 이용해보자.

3
커리어 관련 혜택·정책

❖ '회사 눈치보기' 이제 그만! 법이 보장한 임산부 권리들

임산부라면 대부분 옆사람의 향수 냄새, 음식 냄새가 메스꺼워 화장실을 들락거렸던 기억이 있을 것이다. 임신 초기에 입맛이 떨어지고 구역질이 나는 증세인 입덧 때문이다. 앉아 있기도 힘든데 매일 아침 출근하는 게 곤욕이었을 테다. 하지만 배가 나오지 않은 데다 회사에 임신 사실을 공개하지 못해 전전긍긍하는 사람이 대다수다. 이런 여성 근로자를 위해 정부는 2시간 단축 근무라는 법적 장치를 마련해놓았다. 임신한 직장인이 회사에 당당히 요구할 수 있는 네 가지 법적 권리를 소개한다.

우선 임신기간 중 근로시간 단축이다. 근로기준법에 따르면 사용자(회사)는 임신 후 12주 이내 또는 36주 이후에 여성 근로자가 하루에 2시간의 근로 단축을 신청하는 경우 이를 허용해야 한다. 임신 후

12주 이내는 유산의 위험이 가장 높고, 임신 36주 이후에는 조산의 위험이 높기 때문이다. 다만 하루에 8시간 미만 일하는 근로자는 1일 근로시간이 6시간이 되도록 근로시간 단축을 신청할 수 있다. 단축 근무를 했다고 해서 임금이 삭감되지 않는다. 단축 근무를 하려는 임신부는 근로시간 단축 개시 예정일의 3일 전까지 △근로시간 단축 개시 예정일 및 종료 예정일 △근무 개시 시작 및 종료 시각 등을 적은 문서와 의사 진단서를 회사에 제출하면 된다. 입덧 때문에 힘들거나 만삭이라 자리에 오래 앉아 있기 힘들다면 주저 없이 단축 근무를 신청해보자.

산부인과 정기 검진도 눈치 보지 않고 다녀올 수 있다. 회사는 임신한 여성 근로자가 임신부 정기건강진단을 받는 데 필요한 시간을 청구하면 이를 허용해줘야 한다고 근로기준법 74조 2항에 명시돼 있다. 임신 초기에는 2주에 한 번, 임신 중기에는 한 달에 한 번, 임신 후기에는 매주 병원에 가야 하는 임신부로서는 업무 시간에 병원에 가는 것이 부담스러운데, 그렇다고 해서 따로 휴가를 낼 필요는 없다. 역시 회사는 이 핑계로 임금을 삭감할 수 없다.

주말근무, 야근 등도 당당히 거부할 수 있다. 회사는 임신 중인 여성 근로자에게 시간 외 근로를 하게 해서는 안 된다고 근로기준법이 정하고 있기 때문이다. 만약 지금 맡은 업무가 너무 힘들다면 쉬운 업무로 전환할 수도 있다.

이직한 지 얼마 안 된 임신부도 출산휴가를 온전히 쓸 수 있다. 회사는 임신 중인 여성에게 출산 전후 90일의 출산전후휴가를 주게 돼 있기 때문이다. 광업 등 300인 이하, 제조업 500인 이하 등 우선 지원대상기업은 90일의 급여가 고용보험에서 지급되고, 대규모 기업은 최초 60일은 사업주가, 그 이후 30일은 고용보험이 지급한다. 회사나 업무 특성상 단축 근무나 태아검진시간의 허용 등이 아직도 제대로 시행되지 않는 회사가 많지만 법적으로 보장된 권리인 만큼 임신기간 중 제대로 알고 활용해보자.

❖ 출산휴가·육아휴직 급여 제대로 알고 받기

직장을 다니던 임산부라면 출산휴가와 육아휴직 중 급여를 어떻게 신청하는지, 얼마나 받을 수 있는지 궁금하게 마련이다. 출산 후 아무 때나 신청해도 되는지, 온라인 신청도 가능한지 등 구체적인 신청 방법을 소개한다.

출산 전후로 90일간 주어지는 출산휴가는 아기를 낳은 여성근로자의 근로의무를 면제하고 임금 상실 없이 휴식을 보장하는 제도다. 우선지원 대상 기업 여부에 따라 급여를 주는 주체가 다른데, 광업 등 300인 이하 또는 제조업 500인 이하 등 우선지원 대상 기업은

90일의 급여를 모두 고용보험이 지급한다. 대규모 기업은 최초 60일에 대한 급여는 회사가, 이후 30일은 고용보험이 지급한다.

받게 되는 금액은 통상임금 전액이다. 다만 마지막 30일은 통상임금이 제 아무리 많다 하더라도 월 200만 원을 넘기지 못한다. 출산휴가 급여 상한액이 월 200만 원으로 정해져 있기 때문이다. 산모가 다니는 기업이 대규모 기업이라면 최초 60일에 대한 급여는 회사에서, 나머지 30일에 대한 급여는 고용보험에 따로 신청해 받으면 된다.

산모가 다니는 기업이 우선지원 대상 기업이라면 90일 동안 고용보험에서 지급된다. 다만 통상임금과 출산휴가 급여 상한액(200만원)간 차액이 있을 경우 최초 60일 동안은 회사에서 차액을 지급해야 한다. 만약 회사가 차액을 주지 않는다면 법 위반이므로 사법처리(2년 이하의 징역 또는 1000만 원 이하의 벌금)가 가능하다.

출산휴가는 임신한 모든 근로자가 쓸 수 있지만 출산휴가 급여를 누구나 받을 수 있는 것은 아니다. 출산휴가가 끝난 날 이전에 고용보험 피보험단위기간이 통산 180일 이상이라는 요건을 충족해야만 받을 수 있다. 아무 때나 신청한다고 다 받을 수 있는 것도 아니다. 늦어도 출산휴가가 끝난 날 이후 12개월 이내에 신청해야만 받을 수 있다. 뭉그적거리다가는 급여를 받지 못할 수도 있다.

급여는 거주지나 회사 근처 고용센터를 직접 방문해 신청할 수도 있고 온라인이나 우편으로도 신청 가능하다. 다만 온라인으로 신청하려면 회사가 출산전후휴가 확인서를 고용보험에 접수해준 후에 가능하다. 방문·우편 접수 시 구비 서류는 출산휴가 급여 신청서, 출산휴가 확인서, 통상임금을 확인할 수 있는 자료 사본 1부다. 출산휴가 확인서는 회사에서 발급해준다.

육아휴직 급여는 출산휴가 급여에 비해 신청이 상대적으로 간단하다. 지급 주체가 고용보험 한 곳이기 때문이다. 사업주로부터 30일 이상 육아휴직을 부여받고, 육아휴직 개시일 이전에 피보험단위기간이 통산 180일 이상이라면 육아휴직 급여를 받을 수 있다. 휴직을 시작한 날 이후 1개월부터 매월 신청하거나 한꺼번에 여러 달 치 급여를 신청할 수도 있다. 다만 육아휴직이 끝난 날 이후 12개월 이내에 신청하지 않으면 급여를 받을 수 없다.

지급액은 육아휴직 기간(1년 이내)에 대해 통상임금의 80%가 지급된다. 상한액은 월150만 원, 하한액은 월 70만 원이다. 단 육아휴직 급여액 중 25%는 직장 복귀 6개월 후에 합산해 일시불로 받게 된다.

역시 고용센터를 방문하거나 온라인·우편으로 신청하면 된다. 다만 온라인으로 신청하려면 회사가 육아휴직 확인서를 고용보험에 접수해준 후에 가능하다. 방문·우편 접수 시 구비 서류는 육아휴직 급여 신청서, 육아휴직 확인서, 통상임금을 확인할 수 있는 자료 사본 1부다.

❖ 육아휴직, 쪼개 쓰고 같이 쓰고

"육아휴직 1년을 다 쓰는 게 좋을까요? 아니면 아이가 초등학교에 입학할 때를 대비해 몇 개월 만이라도 남겨두는 게 좋을까요?"

워킹맘들의 단골 질문이다. 집집마다 사정이 다르고 회사 분위기도 달라 딱 떨어진 대답을 해주기는 어렵지만, 초등학생 자녀를 둔 엄마들은 대부분 "조금이라도 남겨두라"고 조언한다. 초등학교 저학년은 정규 수업이 너무 빨리 끝나 아무리 '학원 뺑뺑이'를 돌려도 시간이 남는다. 코로나19 팬데믹 이전만 해도 참관수업, 상담 등 학기 초 학교에 갈 일이 많아 연차를 내는 것도 한계가 있고, 방학 때는 끼니 때문에 부모의 손길을 많이 필요로 하기도 한다. 이 때문에 여력이 된다면 육아휴직을 조금 남겨놔 아이 초등학교 입학에 맞춰 옆에서 돌봐주라는 조언이다.

그렇다면 육아휴직을 나눠써도 될까? 나눠쓴다면 몇 번이나 나눠서 사용할 수 있을까? 결론부터 말하자면 임신 중에 육아휴직을 사용한다면 횟수 제한 없이 분할 사용이 가능하고, 아이를 낳고 나서는 2회에 한정해 분할 사용이 가능하다.

예컨대 기존에는 1년의 육아휴직 기간을 △출산 직후 8개월 △초등학교 입학 시 4개월로 나눠 쓸 수 있었지만, 이제는 △출산 직후 6개월 △아이 어린이집 입소 시 2개월 △초등학교 입학 시 4개월 등으로 쪼개서 쓸 수 있다는 것이다. 기존에는 육아휴직의 분할 사용이 1회만 가능했는데 2021년 11월 '남녀고용평등과 일·가정 양립 지원에 관한 법률' 개정으로 2회 분할 사용이 가능해졌다.

아울러 기존에는 만 8세 이하 또는 초등학교 2학년 이하 자녀를 둔 근로자만 육아휴직 사용이 가능했는데, 위 법 개정으로 아이를 낳기 전인 임신 기간에도 육아휴직 사용이 가능해졌다. 육아휴직 기간은 1년 이내로, 자녀 1명당 1년 사용이 가능하다. 자녀가 둘이라면 각각 1년씩 2년을 쓸 수 있다. 근로자의 권리이기 때문에 맞벌이 부부라면 한 자녀에 대해 아빠도 1년, 엄마도 1년 사용이 가능하다. 사업주는 근로자가 소정 요건을 갖춰 육아휴직을 신청하면 반드시 이를 허용해야 하고, 정당한 사유 없이 육아휴직을 허용하지 않을 경우 500만 원 이하 벌금을 물게 된다.

이제는 맞벌이 부부도 제주도 등지에서 한 달 동안 현지인처럼 살아보는 '한 달 살기'를 해볼 수 있다. 2020년 2월 28일부터 맞벌이 부부가 동시에 육아휴직을 내는 것이 허용됐기 때문이다. 부부가 동시에 육아휴직을 쓰더라도 급여는 부모 모두에게 지급된다. 정부는 2019년 말 국무회의를 열고 이 같은 내용을 담은 남녀고용평등과 일·가정 양립 지원에 관한 법률 시행령을 심의·의결했다. 그동안은 부모가 같은 자녀 1명을 대상으로 동시에 육아휴직을 쓸 수 없었다.

2022년부터는 육아휴직 급여도 개선된다. 기존에는 육아휴직 시작일부터 3개월까지는 월 통상임금의 80%(상한 월 150만 원, 하한 월 70만 원)가 지급되고, 육아휴직 4~12개월에는 월 통상임금의 50%(상한 월 120만 원, 하한 월 70만 원)가 지급됐다. 하지만 2022년부터는 이런 구분이 없어지고 월 통상임금의 80%로 단일화됐다.

육아휴직 외에도 전염병이나 감기 등으로 자녀를 돌봐야 할 때 사용할 수 있는 '가족돌봄휴가'도 있다. 정부는 2020년 1월부터 가족의 질병, 사고, 노령 또는 자녀 양육으로 어려움을 겪는 근로자가 연간 최대 10일의 휴가를 쓸 수 있는 가족돌봄휴가를 신설해 자녀가 아플 때 사업주 눈치 보지 않고 휴가를 쓸 수 있게 했다. 가족돌봄휴가를 사용하려면 사용하려는 날, 돌봄 대상 가족의 성명·생년월일, 신청 연월일, 신청인 등을 적은 문서를 사업주에게 제출하면 된다. 사업주는 질병·장애·노령·미성년의 사유로 근로자가 돌볼 수밖에 없는 경우에는 신청을 허용해야 한다.

Chapter 6

울고 싶은 워킹맘,
뺨 때리는 코로나

1
마스크 이전의 세상을 모르는 아이들

벌써 3년째 계속되고 있는 코로나19가 어느 정도 마무리 되어가는 느낌이다. 이제 야외에서는 더 이상 마스크 착용이 의무가 아니고, 등교 중지와 원격 수업을 반복하던 아이들도 모두 학교로 돌아갔다. 엔데믹 분위기가 고조되고 있는 만큼, 코로나19 관련 내용을 책에 담아야 하는지 고민이 많았다. 하지만 오랜 시간에 걸쳐 모든 사람들의 삶을 완전히 송두리째 뒤흔들어놓았던 너무도 커다란 사건이라 도무지 빼놓을 수가 없었다. 어서 빨리 코로나19 사태가 완전히 종결돼 이 이야기들이 웃으며 얘기할 수 있는 먼 옛날의 추억으로만 남았으면 좋겠다.

시작은 작은아이였다. 여느 때처럼 씻고 침대에 다 같이 누워 잠이 오기를 기다리던 중이었다. 작은아이는 내일 어린이집에 가기 싫다며 안 가도 되느냐고 물었다. 여느 때처럼 엄마 아빠가 일을 해서 어쩔 수 없다고 다독이고 설명했다. 옆에서 가만히 있던 큰아이가 말을 꺼냈다.

"나 코로나 무서운데 엄마가 맨날 나 유치원 나가라고 하잖아."

아이는 서러운지 울기 시작했다. 코로나가 무섭다고, 코로나 걸리면 죽는다며 울었다. 마스크 잘 쓰고 손 잘 씻으면 괜찮다고 해도 달래지지 않았다. 당시 사회적 거리 두기가 2단계로 격상되면서 아침에 유치원 버스를 타는 아이들이 반의 반으로 줄어 며칠 전에는 내 아이만 버스에 홀로 탔다. 천진난만한 아이도 선생님을 통해, 등원하지 않는 친구들을 통해 코로나19가 얼마나 심각한지 알고 있었던 것이다.

서러움이 밀려왔다. 무슨 부귀영화를 누리자고 일을 하고 있나, 워킹맘 특유의 죄책감이 몰려왔다.

"그랬구나, 많이 무서웠구나. 그럼 내일은 둘 다 쉬자."

자신 있게 말해놓고 머릿속으로는 걱정이 됐다. 당장 내일은 누구한테 맡겨야 하나, 답이 없었다. 결국 다음 날 아침 일찍 두 아이 손을 잡고 친정 문을 두드렸다. 아이들이 코로나가 무섭다고 기관에 가기 싫다고 해서 오늘 하루만 좀 맡아달라고 했다. 매일 아침 아이들을 어린이집에, 유치원에 밀어 넣었던 엄마는 친정엄마한테도 불효녀가 됐다. 다음 주는 또 어떡하지, 머릿속에 걱정이 스쳤다.

코로나 초기에는 집집마다 전쟁이 펼쳐졌다. 코로나19 확산으로 어린이집이, 유치원이, 초등학교가 멈췄지만 부부의 일상은 그대로여서다. 버스나 지하철을 타고 출근해 회사에서 일을 하고 저녁이 다 돼서야 퇴근하는 일상은 금방 달라지지 않았다. 유치원 휴원할 거면, 원격 수업할 거면 맞벌이 부부 중 한 명이라도 쉬게 해주지, 어린이집 휴원 연장할 거면 가정 보육 권고 공지라도 하지 말지, 매일같이 오는 '가급적 등원을 자제해달라'는 알림에 숨이 막혔다. 가정 보육이 가능하면 왜 지금 같은 상황에서 아이들을 어린이집으로, 유치원으로 보내겠는가. 보육기관의 등원 자제 알림은 가정 보육이 어려운 전국의 워킹맘들 마음을 갈기갈기 찢어놓았다.

등·하원을 도와주는 베이비시터가 갑자기 그만둔다고 하는데 코로나 때문에 새 베이비시터를 구하지 못하고 발만 동동 구르는 워킹맘, 어린이집 원아·방문 교사의 코로나 확진으로 어린이집 전체가 문을 닫는 바람에 허리 아픈 할머니가 두 아이를 돌보고 있는 워킹맘, 어린이집 원아 가족의 감염 의심으로 갑작스레 어린이집에 아이들을 보낼 수 없어 친정어머니와 시어머니에게 SOS를 치는 워킹맘의 사례를 주변에서 흔히 볼 수 있었다. 하루에도 몇 번씩 '내가 일을 계속

하는 게 맞나' 고민했을 워킹맘들을 생각하면 서글퍼진다. 코로나가 아니어도 항상 아이들에게 미안해 가슴 한구석에 돌덩이를 지고 사는 워킹맘들인데 말이다.

그 와중에 자주 가던 키즈카페의 폐업 소식이 담긴 문자를 받았다. 보유한 정기권을 한 달 내로 다 써달라며, 인수자를 찾지 못해 폐업을 하게 됐다는 문자였다. 생계가 걸린 구구절절한 문자 앞에 마음이 숙연해졌다. 아이를 맡길 곳이 없어 발을 동동 구르며 마음속으로 수백 번 사표를 썼을 워킹맘에게도, 폐업을 앞두게 된 젊은 부부에게도 코로나는 너무 가혹했다.

✥ 마스크 쓰고 낮잠, 코로나 시대 달라진 어린이집 생활

아이들과 평일 저녁 일과를 마치고 잠자리에 들려는데 당시 네 살이었던 작은아이가 갑자기 거실로 나갔다. 장난감을 가지러 갔나 보다 했는데 얼굴에 마스크를 쓰고 들어왔다. 왜 마스크를 들고 왔냐고 물으니 아이는 마스크를 하고 자야 된다고, 마스크를 쓰고 자겠다고 했다. 마스크를 쓰고 잠을 자겠다는 게 일반적인 상황은 아니라 '어린이집 낮잠 시간에 마스크를 쓰고 자느냐'고 물으니 그렇다고 했다. 네 살 된 아이가 KF80 보건용 마스크를 쓰고 낮잠을 잔다고 생각하니 아찔했다. 마스크를 쓰고 자겠다는 아이와 실랑이를 벌이다 겨우 벗기고 재웠다.

그날 밤 잠을 설쳤다. 하루 종일 유치원에서 마스크 쓰느라 어지러웠는데 선생님이 마스크를 못 벗게 해 참았다는 큰아이 말이 귓전을 맴돌았다. 성인도 하루 종일 마스크를 쓰고 있으려면 힘든데 아이들은 오죽할까 생각하니 서글퍼졌다. 마음 같아선 가정에서 아이들을 돌보며 마스크 없이 생활하도록 하고 싶지만 당장 내일 출근해 할 일이 산더미니 그럴 수도 없다. 그저 '숨 쉬기 힘들면 선생님 몰래 마스크 잠깐씩 벗고 숨 쉬어도 된다'고 말하는 게 엄마가 해줄 수 있는 전부였다.

코로나19로 인해 일상이 바뀌면서 아이들의 어린이집 생활도 크게 달라졌다. 봄·가을에 가던 소풍도 없어졌고 체육·미술 등 특별활동도 사라졌다. 외부인 출입을 가급적 삼가면서다. 학예회를 비롯한 부모 참관 수업이 모두 없어졌고, 학부모 상담도 전화로 진행됐다. 부모 참여 수업이 사라지면서 휴가를 낼 필요는 없어졌지만, 아이들 생활을 엿볼 수 있는 기회도 사라졌다. 외출은 고작 어린이집 주변을 산책하는 게 전부고, 어린이집에서 보내주는 사진 속 아이들은 모두 마스크를 쓰고 있다. 이제 아이들은 현관 문 앞에서부터 손으로 입을 틀어막으며 마스크를 달라고 외친다. 가방에 여분의 마스크를 채워 넣는 것은 일상이 됐다.

우리집 풍경도 달라졌다. 주말마다 산으로 바다로 키즈카페로 수영장으로 다녔지만 코로나19 팬데믹 이후로는 되도록 집에 머물며 밥도 직접 만들어 먹었다. 아이들은 텔레비전을 보며 시간을 보냈고 휴가철 계획을 세울 일도 없어졌다. 아이들과 부모의 일상이 많이 바뀌었고 얼마나 더 바뀔지 가늠이 되지 않는다.

일을 하다가도 둘째의 이야기가 자꾸 떠올라 결국 관할 지자체에 문의를 했다. 아이들이 어린이집에서 낮잠 잘 때 마스크를 써야 하는지 말이다. 담당자는 "공문에는 '보육활동 시 마스크 착용'이라고 돼 있지만 낮잠이 보육활동인지 아닌지 모르겠다"며 "그렇게까지 세부적인 기준은 없다"고 말했다. 어린이집 원장들 재량에 따라 원마다 다를 것 같다며 오히려 아이들이 답답하지 않겠냐고 내게 반문했다. 지침도 없거니와 실태 파악조차 안 돼 있었다. 정부가 우왕좌왕하면 어린이집은 더욱 길을 잃고 헤맬 수밖에 없다. 하루 종일 마스크를 쓰고 생활해야 하는 것을 알면서도 어린이집에 보낼 수밖에 없는 맞벌이 부모의 마음을 조금이라도 헤아린다면 보다 세심한 정책이 나오지 않을까 기대해 본다.

"이제 곧 입학식이 시작되니 어서 집으로 돌아가셔서 줌(Zoom·영상회의 플랫폼)에 접속하세요."

큰 아이가 초등학교에 입학했다. 배 속에서 꼬물꼬물하던 게 엊그제 같은데 그 아이가 어느새 훌쩍 커 학교에 간다. 내 기억 속 입학식은 전교생이 강당에 한데 모여 교장선생님의 긴 훈화 말씀을 듣느라 몸을 배배 꼬다가 입학식이 끝나자마자 부모님이 주신 꽃다발을 들고 사진을 찍는 모습이다. 하지만 코로나시대 입학식은 다르다. 정말 다르다.

줌에 접속하니 세 대의 카메라가 아이들을 비추고 있다. 좌측, 우측, 중앙 등 세 곳에 카메라가 설치돼 부모는 자신의 아이가 잘 보이는 영상을 선택해서 볼 수 있다. 국기에 대한 경례, 애국가 제창, 교장선생님 훈화 말씀 등 입학식 순서는 과거와 다르지 않았다. 코로나19로 자가격리 중인 아이는 줌으로 입학식에 참석했다. 휴가를 내지 못한 남편도 회사에서 줌으로 접속해 잠시나마 교실 풍경을 볼 수 있었다. 지난 7년간 일하는 딸을 대신해 아이를 키워주신 할머니와 할아버지도 컴퓨터로 손주 입학식을 함께 봤다. 입학식에 참석하지 못하는 가족들도 영상으로 입학식을 볼 수 있는 것은 장점 아닌 장점이었다.

그런가 하면 애국가 제창 중 의자에 올라가는 아이, 그 아이를 보고 따라 의자에 올라가는 아이, 책상 주위를 돌아다니는 아이, 의 젓하게 책상에 앉아 있는 아이 등 각양각색 아이들 모습도 볼 수 있었다. 유치원에서 정해진 자리 없이 생활하던 아이들이 자신의 이름이 적힌 책상과 의자에 앉아 긴 시간 보내야 한다는 게 쉽지 않아 보였다. 코로나19 확산 우려로 쉬는 시간에도 가급적 자리에 앉아 가져온 책을 봐야 한다고 하니 아이들이 외로움을 느끼기 쉬울 것 같다.

입학식 저녁 엄마들은 크레파스, 색연필, 사인펜 한 자루 한 자루마다 이름표를 붙이느라 바쁘다. 당장 다음 날 준비물을 챙겨 학교에 보내야 하기 때문이다. 식탁에 앉아 크레파스에 이름표를 붙이고 있는데 남편은 이미 뜯어 반품도 어려운 크레파스 색깔을 왜 하나하나 검수하나 생각했다고 하니, 자녀를 학교에 보내는 엄마와 아빠의 간극이 이렇게도 크다.

입학 일주일째, 아이는 매일 두 권의 책을 가방에 넣어가 쉬는 시간에 읽었다. 코로나로 결석하던 뒷자리 아이가 돌아와 쓸쓸한 마음이 조금은 달래진 듯했다. 칸막이 친 책상에서 공부하고, 칸막이 친 식당에서 말 한 마디 없이 밥을 먹어야 하는 일상은 다르지 않지만 아이는 조금씩 적응해가고 있었다. 하루에도 서너 번도 넘게 울리는 학교 알림에 부모 역시 조금씩 적응해가고 있었다.

앞뒤로 앉아 쪽지를 주고받고 도시락 반찬을 나눠먹는 '라떼'의 정겨운 교실 풍경으로 돌아가긴 어렵겠지만, 아이들이 교실에서 마스크를 벗고 서로의 얼굴과 표정을 보며 이야기할 수 있는 날이 오면 좋겠다. 앞니가 빠지면 친구들이 알은체를 해주는 날이 오면 좋겠다. 졸업식은 줌이 아니라 전교생이 강당에 한데 모여 교장선생님 훈화 말씀을 듣고 꽃다발을 들고 사진을 찍을 수 있으면 좋겠다.

❖ 누구나 피해자이자 가해자, 층간 소음 갈등

몇 년 전 어느 평일 오후 3시. 회사에서 일하는 중에 아파트 관리사무소에서 전화가 왔다. 아랫집에서 시끄럽다고 하니 조심 좀 해달라는 전화다. 당시 집에는 아무도 없었다. 관리사무소 직원에게 설명했다. 맞벌이 부부라 평일 낮에 집에 사람이 없고, 심지어 지금도 회사라고 했다. 쿵쿵거리는 소리가 꼭 윗집에서만 나는 게 아니라 옆집, 윗윗집 등 다른 집에서 나는 소리일 수도 있는데 사람 없는 집에 전화해 시끄럽다고 하니 억울하다고 했다. 관리사무소는 다시 아랫집과 통화하더니 "꼭 오늘 일만은 아니니 평상시에 조용히 해달라"고 했다. 당시 아이들은 맞벌이 부모를 둔 탓에 거의 매일 할머니 댁에서 저녁을 먹고 샤워까지 한 후 오후 9시쯤 집에 왔다.

어떤 날에는 주말 오전 11시쯤 전화가 와 조용히 해달라고 했다. 어느 집에서 공사를 하는지 드릴 소리가 아파트 전체에 울려 퍼졌지만, 평일에 못하는 공사를 주말 아침에 할 수 있다는 생각에 온 가족이 참고 있던 상황이었다. 우리 집에서 공사하는 게 아니라고, 주말 아침에 어느 집에선가 공사하는 것 같아 우리도 참고 있노라고 말했지만 대답은 시큰둥했다. 엘리베이터에서 마주치기라도 하면 분위기가 냉랭했다.

거실과 방에는 5㎝가 넘는 두께의 매트가 깔려 있고 아이들은 까치발을 들고 걷는다. "사뿐사뿐 걸으라"는 말을 입에 달고 살고, 아이들이 조금만 쿵쿵거리면 혼내고 후회하길 반복한다. 가끔은 아이들이 몇 발자국 걸었을 뿐인데 전화가 와 조용히 하라고 하니 조금 억울한 마음도 든다.

층간 소음 걱정 없는 집에 살고 싶다고 투덜거리자 남편은 내게 말했다. 우리집이 더 조심해야 한다고 말이다. 우리가 받는 스트레스보다 아랫집이 느끼는 스트레스가 아마도 훨씬 더 크기 때문이란다. 윗집에서 쿵쾅거리며 청소기를 돌릴 때, 아이들의 친구들이 놀러 왔는지 쿵쿵거리며 뛸 때 사실 나도 참기 힘든 적이 많았다. 층간 소음은 누구라도 피해자가 될 수 있는 동시에 가해자가 될 수도 있다.

층간 소음으로 힘들어하는 집이 많다. 코로나19로 집에 머무는 시간이 많아지면서 더 그렇다. 2021년 '층간 소음 이웃사이센터'에 접수된 층간 소음 신고 건수는 4만6596건으로, 코로나19가 유행하기 전인 2019년 2만6257건 대비 77.4% 증가한 것으로 나타났다.

2020년 전체 신고 건수는 4만2250건을 기록했다. 코로나19에 따른 정부의 사회적 거리 두기 조치로 집에 머무는 시간이 늘어나면서 층간 소음 갈등은 더 늘었다.

건설사들도 층간 소음 연구소를 만드는 등 앞으로 지을 집에 적용할 새로운 기술을 연구 중이지만 이미 지어진 집의 구조를 바꿀 수는 없는 일이다. 이사 가야만 끝나는 층간 소음 갈등의 해법이 단기간에 나오기도 어렵다. 매트를 깔고, 실내화를 신고, 조심히 걷고, 아랫집을 배려하며 사는 게 현재로서는 최선이다. 코로나19 확산으로 집에 머무는 시간이 많아진 만큼 누구나 피해자이자 가해자가 될 수 있다는 생각으로 서로 배려하며 살면 어떨까.

✥ 코로나 때문에, 코로나가 끝나면

"엄마, 나 어린이집 가기 싫어. 코로나 때문에."

작은아이는 유독 '코로나 때문에'라는 말을 자주 한다. 코로나19 확산으로 5월이 다 돼서야 어린이집에 등원한 작은아이는 어린이집에 가기 싫은 날이면 '코로나 때문에' 가기 싫다는 말을 했다. 먹기 싫은 반찬이 나올 때도, 샤워하기 싫을 때도 이유를 물으면 '코로나 때문'이라는 답이 돌아왔다. 아이들이 어디 가자거나 뭘 하고 싶다고 말할 때마다 '코로나 때문에' 안 된다고 말한 것을 그대로 배운 것이다.

그런가 하면 '코로나 끝나면'이라는 말도 숱하게 한다. "엄마 나 악어 좋아해. 코로나 끝나면 악어 만지러 가자." "엄마, 우리 코로나 끝나면 놀이공원 가자." 아이들은 코로나가 끝나야만 자신이 원하는 것을 할 수 있다는 것을 알고 있는 듯, 하고 싶은 것을 '코로나 끝나면' 하자고 말했다. 워터파크도 놀이공원도 동물원도, 하다못해 마트도 코로나 끝나면 갈 수 있는 것을 알고 있는 듯했다.

코로나는 우리의 일상을 완전히 바꿔놓았다. 주말마다 밖으로 나갔던 우리 가족은 거의 매주 '집콕' 했다. 놀이터나 공원 등을 제외하곤 외출도 하지 않았다. 생필품도 가급적 인터넷으로 주문하고, 마트에 갈 일이 있으면 부부 중 한 사람이 다녀왔다. 워터파크도 놀이공원도 키즈카페도 쇼핑몰도 사람이 모이는 곳이라 가지 않았다. 아이들이 좋아하는 버스나 지하철은 못 타본 지 오래다. 그 흔한 외식 한 번 한 적이 없다. 아이들이 나가고 싶다고 조르면 '코로나 때문에' 못 간다고, '코로나 끝나면' 가자고 입이 닳도록 말했다.

마스크가 불편해 집어 던지던 작은아이도 이제 마스크를 곧잘 쓴다. 아이들은 마스크를 안 쓰면 코로나에 걸리는 줄 안다. 사람이 아무도 없는 야외에서도 마스크를 꼭 쓰고 있고, 마스크가 없으면 손으로 코와 입을 막는다. 엘리베이터 버튼만 눌러도 집에 와 손을 씻고, 곳곳에 비치된 손 소독제 사용법도 잘 안다. 코로나와 마스크는 일상이 됐다.

아이들은 코로나 끝나고 하고 싶은 게 많다. 더운 여름 수영장에 들어가 신나게 튜브도 타고, 키즈카페에서 트램펄린을 타며 마음껏 뛰놀고 싶어한다. 좋아하는 지하철과 버스를 타며 서울 구경을 하고, 주말이면 공기 좋은 곳에 놀러가서 맛있는 음식도 먹고 싶을 것이다. 유치원에서조차 친구와 마주 앉지 못하고 홀로 앞을 보고 앉아 놀아야 하는 요즘이지만 코로나 끝나면 마스크를 벗어던지고 아이들과 함께 어디든지 가서 무엇이든 하고 싶다.

❖ 유치원 전학

마음껏 뛰어놀라고 보낸 국공립 유치원이었지만 코로나19가 장기화하면서 긴급돌봄이 6개월째 이어졌다. 2020년 5월 사회적 거리두기가 풀리고 학년별 교육과정이 시작되는가 했더니 이태원 클럽발 감염 확산 등으로 원격 수업이 시작됐다. 맞벌이 부모를 둔 까닭에 큰아이는 원격 수업 대신 매일 긴급돌봄교실에 나갔는데, 글자 그대로 긴급한 아이들을 돌보는 개념인 건지 놓치고 가는 부분이 많았다. 어린아이에게 대단한 걸 가르치기보다 그저 마음껏 뛰놀되 풍성하고 다채롭게 놀았으면 하는 내 생각과 달리, 긴급돌봄으로는 채워지지 않는 빈틈이 많아 보였다. 설상가상 여름방학에는 한 달이 넘도록 화장실 공사를 하느라 유치원생들은 초등학교 교실에서 생활해야 한다고 했다. 정상적인 교육이 어렵다는 판단에 남편과 상의 끝에 근처 사립 유치원으로 전학하기로 했다.

아이는 뛸 듯이 기뻐했고 유치원 가는 날을 손꼽아 기다렸다. 몇 밤을 자면 갈 수 있느냐고 묻고 또 물었다. 등원 전날엔 유치원 가방을 메고 텔레비전을 봤고, 유치원 체육복을 입고 잠이 들었다. 작은 아이도 덩달아 유치원에 가겠다고 고집을 부렸다.

사립 유치원장은 상담을 하며 영어, 한글, 수학, 체육, 음악 등 매일같이 다양한 수업을 진행하고 있다고 설명했다. 파닉스 영어에 한글 학습지, 골프 수업까지 하나같이 대다수 학부모 입맛에 맞는 수업들을 모두 도입한 듯 보였다. 나는 알파벳 안에 아이의 창의력을 가두지 않았으면 좋겠다고, 한글 학습지를 안 해도 되니 그저 마음껏 놀게 두라고 말했지만 스스로 이율배반적으로 느껴졌다. 국공립 유치원에서 사립 유치원으로 옮겨 놓고, 학습에 대한 기대가 전혀 없었다고 말할 수는 없기 때문이다.

유치원 첫날, 큰아들은 엄지를 들며 좋았다고 했다. 좋아하는 고기 반찬이 나왔고, 영어도 배웠다고 했다. 처음엔 낯설었지만 곧 괜찮아졌다고 했다. 아침이면 "일어나라"는 말 한마디에 지체 없이 벌떡 일어났다. 영어, 골프 등을 배워본 적이 없는 큰아이는 선생님에게 "영어 수업은 도대체 어떻게 하는 것이냐, 지금 배운 것이 골프 맞느냐"고 물으며 새 유치원을 신기해했다. 집에 와서는 ABCD 노래를 불렀다.

아이를 사립 유치원에 보내보니 수업이 알찬 만큼 아쉬운 점도 눈에 들어왔다. 매 시간 수업이 있다 보니 아이들이 주도적으로 놀이할 수 있는 시간이 부족해 보였다. 국공립 유치원에서는 '아무것도 안 할' 시간이 상대적으로 많았다. 심심함 끝에 아이들은 휴지심과 빈 병 등을 활용해 미술작품을 만들거나 종이비행기를 수십 장씩 접어왔다. 사립 유치원에서는 방과후 과정에서도 아이들은 한글 학습지와 수학 학습지를 읽고 쓴다. 뭐가 좋은지 아직도 판단이 잘 서지 않는다.

유치원 학비와 입학금을 내던 날, 50만 원이 넘는 교육비를 지출하며 머리가 지끈거렸다. 사교육의 시작을 알리듯 한 달 치 월급이 금세 바닥났다.

2
코로나 시대, 우리 가족 생존기

❖ 우리집만의 불금

"엄마, 오늘 '불금'(불타는 금요일)이야?"

금요일 아침, 유치원 등원 준비로 바쁜 와중에 작은 아이가 묻는다. "응, 오늘 금요일이야"라고 대답하면 아이 얼굴이 밝아진다. '불금'은 아이들이 저녁에 먹고 싶은 과자를 먹으며 실컷 텔레비전을 보는 날이다. 5일 내내 유치원 다니느라 고생한 아이들에게 주는 선물이다.

처음부터 우리집에 불금이 있었던 건 아니다. 코로나19가 확산되기 전에는 부부가 번갈아가며 회식하는 일이 잦았다. 코로나19 확산 이후에는 집에 머무는 시간이 늘었지만 아이들과 함께 불금을 보내려는 생각은 하지 못했다. 아이들 재우고 남편과 맥주를 마시거나 영화를 보자고 약속하곤 하지만, 그날따라 아이들이 일찍 잠들지 않아

마음속으로 화를 낸 적이 많았다. 한 지붕 아래 사는 가족인데 왜 아이들을 빼고 부부가 시간을 보내야 할까, 하는 고민을 하다가 아이들과 함께 불금을 보내면 좋겠다는 생각이 들었다. 마침 코로나 덕분에 회식도 크게 줄었다.

우리집 불금은 이렇다. 각자 퇴근 및 하원을 한 뒤 집에 모여 간단히 식사를 한 뒤 부부는 식탁에 앉아 맥주나 와인을 즐기며 마주 앉아 얘기를 나누고, 아이들은 원하는 과자를 먹으며 보고 싶은 프로그램을 본다. 이따금 부부가 하는 이야기가 궁금한지 아이들이 식탁으로 다가오기도 한다. 그러면 다같이 둘러앉아 플라스틱 와인잔에 물을 따라 건배를 한다. 유치원에서 즐거웠던 일이나 속상했던 일은 무엇인지 얘기를 나누며 아이와 함께하지 못한 시간을 듣는다. 마찬가지로 나 역시 회사에서 있었던 얘기나 바빴던 일들을 들려준다.

불금에는 자정이 넘을 때까지 놀기도 한다. 다음 날 유치원에 가지 않아도 되기 때문이다. 아침마다 더 자고 싶어하는 아이들을 깨우는 게 미안해서 일찍 재우려고 하지만 금요일은 모두가 자유다. 아이들은 금요일을 매주 손꼽아 기다린다.

유치원 상담 때 아이 담임 선생님이 해준 말이 기억에 남는다. 부모가 회사에 가듯, 아이들도 유치원에서 사회생활을 하는 것이라고 말이다. 아이들은 하루종일 놀기만 하는 것이 아니라 친구와, 선생님과 사회관계를 맺고 사회생활을 하는 것이라 부모와 마찬가지로 지치고 피곤할 수 있단다. 직장인이 금요일 저녁을 기다리며 버티듯, 아이들도 금요일을 기다리며 버티는 게 아닐까 싶다.

가족끼리 불금을 보내보라고 추천해준 집마다 반응이 좋다. 아이들이 초등학생이 되고 중학생이 돼도 우리집 불금이 계속되길 바란다.

✣ 코로나 덕분에 생긴 우리집 크리스마스 전통

"크리스마스 전통? 모르겠어. 우리 집 크리스마스 전통이 뭔지…"

영화 '올라프의 겨울왕국 어드벤처'에서 자매 엘사와 안나는 크리스마스를 맞아 왕국의 국민들을 위한 깜짝 파티를 계획하지만, 사람들은 종소리만 듣고 금세 집으로 발길을 돌린다. 엘사와 안나가 붙잡아 보지만 사람들은 집안 크리스마스 전통 행사를 준비해야 된다며 집으로 향했다.

자신들만의 크리스마스 전통이 뭔지 몰라 속상해하는 엘사와 안나를 위해 올라프는 스벤과 함께 전통을 찾으러 성밖으로 나간다. 올라프는 첫 번째 집에 찾아가서 노크를 한다. 올라프는 집집마다 돌면서 집안 전통을 알아보고 있다고 말한다. 첫 번째 집 전통은 다 같이 모여서 사탕 지팡이를 만드는 것이라고 했다.

상록수 가지들을 문마다 걸어놓는 집, 노르웨이 모습을 딴 대형 쿠키를 굽는 집, 집집마다 돌아다니며 찬송가를 부르는 집, 벽난로 위에 큼지막한 양말을 걸어놓는 집, 맛있는 과일 케이크를 굽는 집, 목도리 스웨터와 벙어리 장갑을 짜는 집 등 크리스마스 전통은 각양각색이었다. 올라프는 각 집안 크리스마스 전통과 관련된 물건을 싣고 성으로 돌아가는 길에 늑대에게 쫓겨 물건을 모두 잃어버린다.

그 시각 엘사와 안나, 그리고 사람들은 올라프를 찾아 밤새 눈 덮인 산을 뒤지며 올라프를 찾는다. 마침내 올라프를 찾은 엘사와 안나는 그제서야 자신들의 크리스마스 전통이 무엇이었는지 깨닫는다. 바로 올라프다. 어릴 적 크리스마스에 둘이 밖에 나와 눈사람을 만들곤 했는데 까맣게 잊고 있었던 것이다. 크리스마스 전통이라고 하니 뭔가 거창하고 특별할 것 같아 미처 생각하지 못했던 것이다. 그날 밤 엘사와 안나, 사람들은 눈과 얼음이 가득한 산에서 즐거운 시간을 보낸다.

크고 거창하진 않지만 우리 집도 크리스마스 전통이 있다. 11월 말만 되면 남편은 크리스마스 트리를 꺼내 장식한다. 트리 위의 별은 아이들 몫이다. 아이들은 아빠 품에 안겨 높이 올라가 별을 달고는 크게 기뻐한다. 유치원에서 돌아오면 크리스마스 트리에 불빛이 환하게 빛나고 주말 저녁에는 온 가족이 식탁에 둘러앉아 빨간 초에 불을 켜고 맛있는 음식을 먹는다. 매일 저녁 크리스마스 캐럴을 들으며 한 달을 기다리면 산타 할아버지가 트리 밑에 선물을 두고 간다.

나뭇잎 떨어지고 찬바람 부는 겨울을 기다려본 적이 없지만, 이 조그마한 의식들이 모여 하나의 전통이 되고 나니 나 역시 아이들과 겨울을 기다린다. 아이들은 크리스마스 트리가 거실에 나와 불을 밝히는 순간부터 크리스마스 당일까지 산타 할아버지에게 어떤 선물을 받고 싶은지, 그러려면 어떤 착한 일을 해야 하는지 매일같이 종알거리며 시간을 보낸다. 거창하진 않지만 우리 가족만 오롯이 즐기는 이 의식을 아이들이 언제까지 좋아할지, 언제까지 기억할지는 모른다. 다만 언젠가 내 아이가 장성해 자식을 낳고 아이들이에게 크리스마스에 무얼 해주면 좋을지 고민할 때 한 번이라도 우리 가족만의 의식을 떠올려준다면 더할 나위 없이 기쁠 것 같다.

거창할 필요는 없다. 크리스마스날 다같이 둘러앉아 케이크를 먹어도 되고, 쿠키를 굽거나 문앞에 양말을 걸어놓거나 가까운 곳으로 여행을 가도 좋다. 아이들이 크리스마스와 함께 떠올릴 가족의 기억이라면 그 어떤 것이어도 상관없다. 올 겨울 크리스마스, 아이들과 어떤 즐거운 시간을 보낼지 계획해보는 것은 어떨까.

"엄마, 놀이터 가자."

코로나19 이후, 놀이터 놀이는 우리 가족의 일상이 됐다. 평일에는 하루 한 번, 주말에는 하루 두 번 이상 아이들은 놀이터에 간다. 킥보드나 자전거를 타며 놀이터 주변을 돌다가 지겨우면 놀이터 안으로 들어가 그네를 타거나 미끄럼틀을 탄다. 숨바꼭질, 무궁화 꽃이 피었습니다, 달리기 시합, 비행기 날리기, 딱지놀이 등 아이들의 놀이는 무한하다.

처음엔 삼삼오오 놀이를 시작하지만 시간이 지나면 놀이터에 나온 아이들 모두가 친구가 된다. 서로 원하는 놀이를 말하고 무슨 놀이를 할지 정한 뒤 함께 규칙을 정한다. 놀이를 하다가 다툼이 나면 누군가 나서서 중재하거나 다른 놀이로 전환하기도 한다. 새로운 친구가 놀이터에 나오면 배척하기보다는 놀이에 참여시키고, 자기보다 어린 친구가 넘어지면 가서 일으켜준다. 킥보드, 자전거 등을 동생들에게 빌려주거나 또 다른 이의 장난감을 빌려 쓰기도 한다.

놀이가 싫증 날 때쯤 '숲속 놀이터'로 이동해 나뭇가지를 모은다. 떨어진 솔방울과 잎사귀를 모아 돌로 빻기도 한다. 민들레 홀씨를 불어 날려보내기도 하고 발로 모래를 차며 먼지바람을 일으키기도 한다. 생수병을 가지고 나와 개미를 잡기도 하고 나비를 쫓아 뛰어다니기도 한다. 천을 따라 흐르는 물소리를 듣고 오리 가족을 한참 동안 멍하니 바라보기도 한다.

아이에겐 '놀이터'로 명명된 곳뿐 아니라 주변의 풀과 나무도 모두 놀이터가 된다. 자연은 최고의 놀이터이고 놀이는 최고의 학습이다. 앉아서 공부만 하기에는 앞으로 공부해야 할 날이 너무 많기도 하다.

코로나19 확산으로 사람이 붐비는 곳을 가지 못하게 되면서 우리 가족의 놀이터 사랑은 더 깊어졌다. 주말마다 '놀이터 투어'를 다닐 정도다. 예전엔 평일에 놀아주지 못한 것을 한풀이라도 하듯, 주말마다 동물원, 놀이공원, 키즈카페, 워터파크 등에 갔다. 나는 소비를 함으로써 평일 엄마의 부재에 대한 공백을 채웠다고 만족했다. 하지만 채워진 것은 오직 내 마음뿐이었다.

소아 작업치료사인 앤절라 핸스컴은 저서 '놀이는 쓸데 있는 짓이다'에서 "자연 속에서 아이들은 모험하는 법을 터득하고 두려움을 넘어설 줄 알게 된다. 친구를 사귀고 감정을 조절하며 상상의 세계를 만드는 요령도 익힌다"면서 "아이들이 자기만의 이론과 놀이 계획을 시험할 수 있도록 믿음을 주고 자유를 허락해줘야 한다"고 말했다.

그는 좋은 놀이터의 조건으로 숲, 계곡, 바닷가 등 탐구심을 자극하는 자연 요소가 있고 들어가 놀 수 있는 흙더미나 모래통이 있으면서 올라가 뛰어내릴 수 있는 크고 작은 바위가 있는 '자연주의 놀

317

이터', 풀이 무성해 뛰놀기 좋고 올라가거나 굴러 내릴 수 있는 작은 동산이나 둔덕이 있는 '널찍한 활동 공간'을 꼽았다. 놀이기구가 많지 않더라도 균형잡기가 필요한 기구, 시소처럼 두세 명이 협업해야 하는 기구, 등반할 수 있는 기구가 있는 곳도 좋다고 했다. 아직 아이들과 가보지 못한 놀이터가 너무 많다.

이 책을 옮긴이는 "아이들의 시간은 현재를 위해 쓰여야 하며 그 중심에 놀이가 있다"고 했다. 아이는 놀이를 통해 독립성을 키우고 창의적이며 열린 사고 능력을 갖춘다. 학습도 중요하지만 아이가 학교에 가고 해야 할 일이 많아질 때마다, 또래 아이들과 경쟁하고 비교될 때마다 곱씹어볼 만한 말이다.

✛ 온 가족 힐링하는 자연 속 캠핑

코로나19가 장기화하면서 휴일마다 집에만 머무는 아이들을 위해 특별한 추억을 만들어주고 싶었다. 코로나19로 캠핑이나 글램핑 인기가 높아졌다는 소식에 근처 서울대공원 캠핑장을 예약했다. 동물원, 미술관 등을 갈 때마다 지나쳤던 곳이다. 단돈 2만5000원에 1박을 할 수 있다.

아이들은 캠핑 며칠 전부터 동네방네 캠핑 간다고 얘기를 하고 다녔다. 근무를 마치고 집으로 돌아와 남편과 마트 여러 곳을 돌며 숯, 석쇠, 장갑, 고기 등 캠핑에 필요한 것들을 샀다. 한강이나 동네 공원에 텐트를 쳐본 적은 있었지만 캠핑은 처음이었다. 아이들도, 나도 설렜다.

다음 날 아침, 서툰 짐을 싸느라 오후 2시가 다 돼서야 출발했다. 평일이라 그런지 사람이 많지 않았다. 짐을 옮기고 푸는 동안 아이들은 수돗가에서 물풍선을 가지고 놀며 행복해했다. 흙을 밟고 벌레를 발견하고 돌을 줍는 것뿐인데도 아이들은 즐거워했다. 캠핑 오길 잘했다는 생각이 들었다.

천혜의 자연, 졸졸졸 물이 흐르는 계곡, 시원한 바람, 숯에 고기 굽는 냄새는 세상의 걱정을 잊게 할 만큼 좋았다. 비가 올 확률이 80%나 됐지만 일기예보는 다행히 빗나갔고 다음 날 아침까지 비는 오지 않았다.

캠핑이 처음이라 준비가 서툴렀고 그 때문에 애먼 몸이 고생했다. 토치를 차에 놓고 와 주차장까지 내려갔다 오고, 쌈장과 소금 등을 가져오지 않아 상당한 거리의 매점을 수십 번 오갔다. 제대로 된 뜰채와 기술이 없어 물고기와 가재를 잡지 못했고, 물총은 금방 고장 나 매점에서 새것을 사야 했다. 그러거나 말거나 아이들은 계곡을, 수돗가를 뛰어다니며 하루 종일 물총을 쏘며 싱글벙글했다.

차가운 바닥과 벌레, 쌀쌀한 밤공기는 문제되지 않았다. 아이들은 옆 텐트에 놀러가 모닥불 구경을 하며 어른들과 너스레를 떨고, 텐트 주변을 뱅글뱅글 도는 것뿐인데도 즐거워했다.

까마귀 소리와 할머니를 찾는 작은 아이 울음소리 때문에 다음 날 아침 6시에 눈을 떴다. 라면으로 아침을 때우고 집에 왔다. 짐을 잔뜩 싣고 캠핑을 하러 올라오는 다른 가족들의 모습을 보니, 전날 우리 가족의 모습이 그랬을까 싶다. 설레고 들떠 보였다. 남편은 종일 힘들어했지만, 아이들과 내가 좋으면 그걸로 됐다고 했다. 돌아오는 주말, 가족과 함께 캠핑을 떠나보면 어떨까.

❖ 어서 빨리 코로나 없는 세상이 되길

"제가 최근에 미국에 갔다 왔는데요. 코로나19 때문인지 레스토랑 테라스가 도로까지 나와 있고 테라스에서 식사하는 사람이 많아요. 코로나19 검사는 또 얼마나 많이 해야 하는지, 귀국 비행기 시간 전까지 검사 결과 받느라 혼이 났다니까요."

2021년 말 취재원과 식사하며 두 달 전 그가 미국에 다녀온 얘기를 들을 기회가 있었다. 코로나19 팬데믹 속 미국 여행은 어땠는지, 사회 분위기와 사람들 생활은 어떤지 등을 묻고 답했다. 함께 식사한 일행은 "마치 1970년대에 해외여행 처음 다녀온 사람 이야기 듣는 것 같다"고 말해 다 같이 웃었다.

코로나19 팬데믹으로 지난 2년 동안 참 많은 부분이 바뀌었다. 마스크는 일상이 됐고 손 씻기가 생활화됐다. 회식이 사라졌고 화상 회의가 보편화됐다. 아이들과 아이를 돌보는 가정에도 많은 변화가 있었다. 코로나19 확진자가 나올 때마다 어린이집이나 유치원이 문을 닫으면서 가정 보육이 일상화됐고, 설상가상 남편까지 재택근무하는 경우가 많아지면서 주부의 '돌밥돌밥(돌아서면 밥을 지어야 하는 주부를 뜻하는 신조어)' 스트레스가 극에 달했다. 삼시 세끼 밥을 짓고 난 뒤에는 온라인 쇼핑몰로 식재료를 주문하고 다음 날 메뉴를 고민하느라 밤에도 쉴 수가 없다. 온라인 커뮤니티에는 식단을 공유하는 글과 사진이 수시로 올라왔다.

워킹맘도 예외는 아니었다. 일과 시간 중 어린이집이나 유치원, 초등학교 등에서 연락이 올 때면 가슴을 졸여야 했다. 그중에서도 가장 두려운 알림은 '코로나19 확진자가 나왔으니 당장 아이를 데리고 가라'는 공지다. 역학조사와 방역을 해야 하니 당장 아이를 데리고 가라고 하는데, 데리고 올 사람이 없어 발을 동동 구를 때가 한두 번이 아니었다. 양가 부모님에게 연락해 아이를 데리고 근처 보건소에 들러 PCR 검사를 해달라고 부탁하면 죄를 짓지 않았는데도 죄인이 된 것 같은 느낌마저 든다. 코 찌르는 게 아파 PCR 검사를 안 하겠다는 아이를 장난감 사준다고 달래 검사받게 한 적이 한두 번이 아니다.

아이들이 코로나19 확진자 밀접접촉자로 분류돼 열흘간 자가격리된 적도 있다. '혹여나 확진이 되면 어떡하나, 일 때문에 만난 사람들에게 폐를 끼치면 안 되는데' 하는 생각으로 열흘 내내 마음을 졸인 적도 있다.

아이들과의 외출을 삼가다 보니 '집콕'이 일상화됐다. 외식 대신 배달음식을 먹고, 키즈카페 가는 대신 장난감을 샀다. 집에 머무는 시간이 많다 보니 주말에 두 편 만화영화를 함께 봤고, 여행 대신 책과 텔레비전 프로그램으로 견문을 넓혔다. 아이들은 이제 외출할 때 마스크를 안 쓰면 큰일이라도 나는 듯 나갈 때마다 마스크를 챙긴다.

"엄마 나 비행기 타보고 싶어."

코로나19 팬데믹으로 수 년 간 비행기를 타보지 못한 아이들은 책이나 영화에 비행기 타는 장면이 나오면 비행기를 타보고 싶다고 말한다. 그럴 때마다 나는 "그래. 우리 코로나 없어지면 비행기 타러 가자"고 말한다. 하지만 언제쯤 아이들과 마음 편히 비행기를 타고 해외여행을 할 수 있을지 모르겠다. 부디 올해가 끝나기 전에 아이들과 마음 편히 비행기 타는 날이 오면 좋겠다. 아니, 비행기 안 타도 좋으니 실내에서 마스크 벗고 예전처럼 얼굴 마주보며 얘기하고 싶다.

에필로그

＊

　우리 가족은 매년 경기도 양평 두물머리에 간다. 서로 다른 가정
에서 나고 자란 나와 남편이 결혼해 가정을 이루는 것이, 북한강과
남한강이 합쳐지는 두물머리와 닮아서다. 두물머리에서 사랑의 언약
을 맺고, 언약을 확인하는 일종의 의식이다. 남편은 박완서 소설가의
저서 '못 가본 길이 더 아름답다'에 나온 구절을 소개하며 결혼하고
처음 맞은 새해에 두물머리에 가자고 했다. 큰아이는 내 배 속에 있
었다. 박완서 소설가는 "몇 천 년에 걸쳐 문명을 열고 평야를 적시면
서 우리를 먹여살린 두 개의 큰 강줄기가 하나로 합쳐지는 지점에서
청춘 남녀가 앞날을 같이할 징표로 사진을 남긴다는 건 예식장에서
하는 백년가약 못지않게 의미 있는 일로 여겨졌다"고 썼다.
　이듬해 큰아이가 첫돌을 맞은 2016년 정초에도 두물머리에 갔
다. 아이를 아기띠에 메고 거센 강바람을 맞으며 우리는 두물경 앞에
서 사진을 찍었다. 코가 빨개졌고 손은 얼음장 같았지만 남한강과 북

한강이 하나되듯 정말 한가족이 된 것 같은 기분이 들었다. 두물머리에 다녀온 후 큰아이는 지독한 감기에 걸려 고열이 났다. 친정엄마는 한겨울에는 가지 말라고 두고두고 잔소리를 했다.

다음해에는 겨울을 피해 3월에 갔다. 큰아이는 그사이 걸음마는 물론 뜀박질도 잘해 여기저기 뛰어다녔다. 사진 속 우리는 넷이었다. 작은아이가 내 배 속에 있었다.

2018년에는 9월이 돼서야 갔다. 미세먼지와 계속되는 남편의 주말 근무로 미루고 미루다 내 복직을 앞두고 부리나케 다녀왔다. 두물머리를 처음 본 작은아이는 아기띠에 매달려 발을 흔들고 큰아이는 아빠를 따라다니며 삼각대를 가지고 놀았다. 겨울보다는 감기 걱정 없는 여름이 낫겠다며 다음에는 여름에 오자고 약속했다.

하지만 2019년에도, 재작년과 작년에도 세밑이 돼서야 두물머리를 찾았다. 회사 다니랴 아이들 돌보랴, 차일피일 미루다 연말이 돼서야 밀린 숙제를 하듯 갔다. 유모차 대신 왜건을 차에 싣고 아이들은 꽁꽁 싸맸다. 2019년에는 두 아이 모두 제 발로 걷고 뛰었고, 긴 나뭇가지를 찾아 칼싸움을 했다. 아기띠와 유모차는 더 이상 필요 없어졌고 설탕과 케첩을 잔뜩 묻힌 핫도그도 하나씩 먹었다.

매년 같은 장소에서 사진을 찍다보니 아이들이 얼마나 빨리 자라는지 비교해 보는 재미도 쏠쏠하다. 재작년에는 여섯살 큰아이의 한글 읽기 실력이 크게 늘어 두물경 비석 뒤에 적힌 시를 혼자 서서

천천히 읽어 내려갔다. 수제 연잎핫도그 가게 줄이 길지 않아 사서 한적한 곳에서 먹었다. 둘째가 훌쩍 커 작년에는 왜건 없이 단출하게 다녀왔다. 재작년 큰아이가 입던 점퍼를 작년에는 작은아이가 입었다. 한글을 조금씩 읽기 시작한 작은아이가 올해 두물경의 비석을 읽는다면 감회가 새로울 것 같다.

내년에도, 후년에도 우리는 두물머리에 갈 생각이다. 부부로 만나 아이를 낳고 가족이 되는 모습을 기록하며 지난 한 해도 무사히 넘겼다고, 다가오는 새해도 서로 아끼며 살겠다고 두물머리 앞에서 서약하고 온다. 아이들이 커서 대학생이 되고, 결혼해 손자를 낳은 뒤에도 우리 가족만의 이 전통은 계속 지켜졌으면 좋겠다.

대한민국에서 워킹맘으로 살아남기
초보 엄마 잡학사전

초판 1쇄 발행 2022년 6월 30일

지은이 권한울
펴낸이 정아영
편　집 정아영
디자인 신혜림

펴낸곳 이룩북스
출판등록 2022년 3월 16일 제2022-000063호
주소 서울시 서초구 효령로68길 13, 20-109
대표전화 070-7868-0017
팩스 070-4758-0017

ISBN 979-11-978335-0-2 03590